人居
环境

亭台楼阁

人居环境编委会　编著

中国大百科全书出版社

图书在版编目（CIP）数据

亭台楼阁 / 人居环境编委会编著 . -- 北京 ： 中国
大百科全书出版社， 2025. 1. --（人居环境）. -- ISBN
978-7-5202-1699-9

Ⅰ . TU986.4-49

中国国家版本馆 CIP 数据核字第 2025LL7034 号

总 策 划：刘　杭　　郭继艳
策划编辑：张志芳
责任编辑：张志芳
责任校对：邵栊炜
责任印制：王亚青
出版发行：中国大百科全书出版社有限公司
地　　址：北京市西城区阜成门北大街 17 号
邮政编码：100037
电　　话：010-88390811
网　　址：http://www.ecph.com.cn
印　　刷：唐山富达印务有限公司
开　　本：710mm×1000mm　1/16
印　　张：10
字　　数：100 千字
版　　次：2025 年 1 月第 1 版
印　　次：2025 年 1 月第 1 次印刷
书　　号：ISBN 978-7-5202-1699-9
定　　价：48.00 元

—— 总 序

这是一套面向大众、根植于《中国大百科全书》第三版（以下简称百科三版）的百科通俗读物。

百科全书是概要记述人类一切门类知识或某一门类知识的完备的工具书。它的主要作用是供人们随时查检需要的知识和事实资料，还具有扩大读者知识视野和帮助人们系统求知的教育作用，常被誉为"没有围墙的大学"。简而言之，它是回答问题的书，是扩展知识的书。

中国大百科全书出版社从1978年起，陆续编纂出版了《中国大百科全书》第一版、第二版和第三版。这是我国科学文化建设的一项重要基础性、标志性、创新性工程，是在百年未有之大变局和中华民族伟大复兴全局的大背景下，提升我国文化软实力、提高中华文化国际影响力的一项重要举措，具有重大的现实意义和深远的历史意义。

百科三版的编纂工作经国务院立项，得到国家各有关部门、全国科学文化研究机构、学术团体、高等院校的大力支持，专家、学者5万余人参与编纂，代表了各学科最高的专业水平。专家、作者和编辑人员殚精竭虑，按照习近平总书记的要求，努力将百科三版建设成有中国特色、有国际影响力的权威知识宝库。截至2023年底，百科三版通过网站（www.zgbk.com）发布了50余万个网络版条目，并陆续出版了一批纸质版学科卷百科全书，将中国的百科全书事业推向了一个新的高度。

重文修武，耕读传家，是我们中国人悠久的文化传承。作为出版人，我们以传播科学文化知识为己任，希望通过出版更多优秀的出版物来落实总书记的要求——推动文化繁荣、建设中华民族现代文明，努力建设中国式现代化强国。

为了更好地向大众普及科学文化知识，我们从《中国大百科全书》第三版中选取一些条目，通过"人居环境""科学通识""地球知识""工艺美术""动物百科""植物百科""渔猎文明""交通百科"等主题结集成册，精心策划了这套大众版图书。其中每一个主题包含不同数量的分册，不仅保持条目的科学性、知识性、准确性、严谨性，而且具备趣味性、可读性，语言风格和内容深度上更适合非专业读者，希望读者在领略丰富多彩的各领域知识之时，也能了解到书中展示的科学的知识体系。

衷心希望广大读者喜爱这套丛书，并敬请对书中不足之处给予批评指正！

《中国大百科全书》编辑部

—— "人居环境"丛书序

人居环境科学理论与实践是中国改革开放 40 周年的标志性成果之一。1993 年，吴良镛、周干峙与林志群在中国科学院技术科学部大会上提出建立"人居环境学"设想，将其作为一种以人与自然协调为中心、以居住环境为研究对象的新的学科群。2012 年，吴良镛获得 2011 年度国家最高科技奖，国家最高科学技术奖评审委员会评审意见认为："吴良镛院士是我国人居环境科学的创建者。他建立了以人居环境建设为核心的空间规划设计方法和实践模式，为实现有序空间和宜居环境的目标提供理论框架。"这意味着人居环境科学已得到学界的认可。

人居环境科学是涉及人居环境有关的多学科交叉的开放的学科群组。人居环境科学强调"建筑—城乡规划—风景园林"三位一体，作为人居环境科学的核心，地理学、生态学、环境科学、遥感与信息系统等是与人居环境科学关系密切的外围学科，以上这些学科共同构成了开放的人居环境科学学科体系。可见，人居环境科学的融合与发展离不开运用多种学科的成果，特别要借重各自的相邻学科的渗透和展拓，来创造性地解决复杂的实践中的问题。

人居环境是人居环境科学理论与实践的研究对象，其建设意义重大。党的二十大报告将"城乡人居环境明显改善"列入全面建设社会主义现代化国家未来五年的主要目标任务。这充分体现了城乡人居环境建设在党和国家事业发展全局中的重要地位。为此，依托《中国大百科全书》

第三版人居环境科学（含建筑学、风景园林学、城乡规划学）、土木工程、中国地理、作物学等学科内容，编委会策划了"人居环境"丛书，含《中国皇家名园》《中国私家名园》《古建》《古城》《园林》《名桥》《山水田园》《亭台楼阁》《雕梁画作》《植物景观》十册。在其内容选取上，采取"点"与"面"相结合的方式，并注重"古与今""中与西"纵横两个维度，读者可从其中领略人居环境中蕴藏的文化瑰宝。

希望这套丛书能够让更多的读者进一步探索人居环境科学理论与实践体系！

人居环境丛书编委会

目 录

序 中国传统园林建筑主要形式 1

第1章 亭 5

亭的历史及文化 5

亭记 7

醉翁亭 20

徐州放鹤亭 22

杭州放鹤亭 24

绍兴兰亭 25

大明湖历下亭 29

长沙爱晚亭 31

颐和园廓如亭 32

北海五龙亭 33

景山万春亭 34

西安沉香亭 36

南安府衙牡丹亭 37

九江烟水亭 39

九江琵琶亭 41

拙政园梧竹幽居亭 43

北京陶然亭 44

无锡二泉亭 45

日月亭 48

景真八角亭 48

何园水上戏亭 49

第2章 台 51

台的历史与功能 51

鹿台 54

沙丘苑台 56

姑苏台 57

邛崃文君井琴台 58

桐庐严子陵钓台 61

章华台 64

姜子牙钓鱼台 66

开封吹台 68

武汉古琴台 70

铜雀台 71

第3章 楼阁 75

楼阁形式及文化 75

勤政务本楼 77

花萼相辉楼 81

避暑山庄烟雨楼 83

武汉黄鹤楼 85

岳阳楼 89

鹳雀楼 93

南京阅江楼 96

绵阳龟山越王楼 97

嘉兴烟雨楼 99

广州镇海楼 100

颐和园佛香阁 101

避暑山庄文津阁 103

网师园濯缨水阁 105

南昌滕王阁 106

宁波天一阁 110

杭州城隍阁 113

江油李白纪念馆归来阁 115

贵阳文昌阁 117

北海白塔 118

北京妙应寺白塔 120

苏州瑞光塔 122

云岩寺塔 124

定州开元寺塔 126

大理崇圣寺三塔 128

杭州保俶塔 130

杭州六和塔 132

杭州雷峰塔 135

上海松江县方塔 141

西安大雁塔 143

西安小雁塔 146

中国传统园林建筑主要形式

◆ 亭

中国风景园林中最为常见而极具中国特色的建筑形式，可谓无亭不成园。亭的平面形式灵活多样。《园冶》称亭："造式无定，自三角、四角、五角、梅花、六角、横圭、八角至十角，随意合宜则制，惟地图可略式也。"所谓横圭，指上圆下方的形式；所谓"惟地图可略式也"，是讲只要有平面图，大概就可以建造了。除了这些形式外，还有圆形、半圆形、扇形、荷叶形、多面形、十字形、新月形等。另外还有两个、三个的连体组合和多亭的组合，可谓琳琅满目。

亭的立面也有各种变化。南北方飞檐翘角有很大不同，各具地域特色，一般北方的翘角较平，南方的起翘较高，但江浙和岭南又不一致。

亭的屋顶一般为攒尖，上面加宝顶或方锥，有凌空挺秀之态。而尖顶有三角攒尖、四角、六角、八角、圆顶、多角等攒尖。另外还有庑殿式、歇山式、十字顶式、卷棚式、盝顶式等，这种形式的亭，显得典雅端庄。

一般的亭不设门窗，特别是在山冈、水际，开敞通透，适宜于观景。但也有的亭设有半开敞和可拆装活动的窗扇，一般用于聚会茶歇，特别是在气候寒冷地区，可免遭风寒侵袭。

◆ 台

风景园林中历史最久远的建筑。《园冶》对台的解释："释名（汉代刘熙《释名》）云：台者，持也。言筑土竖高，能自胜持也。园林之台，或掇石而高上平者，或木架高而版平无屋者，或楼阁前出一步而敞者，俱为台。"意思是，台就是筑土高峻者，能保持自身牢固，支持台上负荷的。园林中的台，除筑土外或用掇石很高而顶上平的，或者用木构架高，上面铺平无屋的，或者楼阁前面宽敞的，都称台。《尔雅》："四方而高曰台。"许慎《说文解字》："台，观四方而高者。"总之，台的特点是：高、平、可远观。如清代李斗在《扬州画舫录》中所言："登临恣望，纵目披襟，台不可少。依山倚，竹顶木末，方快千里之目。"

◆ 楼阁

楼阁是中国风景园林中一种主要的建筑类型，也是中国优秀传统文化遗产的重要组成部分。

楼一般指两层以上的建筑。《说文解字》解释："楼，重屋也。"明代造园专著《园冶》中解释："说文云：重屋曰楼；尔雅云：狭而修曲为楼。言窗牖虚开，诸孔慺慺然也。造式如堂，高一层者是也。"汉代司马相如《上林赋》中的"高廊四柱，重坐曲阁"就是指楼与楼之间联结的阁道。

阁，《尔雅》称："阁，楼也。"《园冶》解释："阁者，四阿开四牖，汉有麒麟阁，唐有凌烟阁等，皆是式。"即四坡顶的、四面墙上开窗的称阁。《集韵》称："阁，观也。"意思是阁可以供人观瞻，也可登高望远。

　　楼与阁在早期是有区别的。 楼指重屋， 阁指下部架空、底层高悬的建筑。阁一般平面近方形，两层，有平坐，在建筑组群中可居主要位置。佛寺中以阁为主体的，独乐寺观音阁即为一例。楼则多狭而修曲，在建筑组群中常居于次要位置，如佛寺中的藏经楼，王府中的后楼、厢楼等，处于建筑组群的最后一列或左右厢位置。后世楼阁二字互通，无严格区分，但在建筑组群中给建筑物命名时仍有保持这种区分原则的，如清代皇家的几处大戏园，主体舞台建筑平面近方形的均称阁，观戏扮戏的狭长形重屋均称楼。

第1章

亭

亭的历史及文化

《园冶》载："《释名》云：亭者，停也。人所停集也。"亭，有悠久的历史，在三四千年前，亭已出现。相传夏代就有启筮亭，春秋战国时代，在诸侯国家往来的道路上，有不少亭的建筑，以供往来者休息。亭还有供旅行住宿的功能，称作驿亭。亭还曾是基层政权的形式，《汉书》载："县道大率十里一亭，亭有长，十亭一乡。"汉高祖刘邦曾作做过泗水亭长。

亭后来发展为风景园林中的一种重要的建筑。由于亭的造型灵活多样，大小随宜，适宜于各种地形条件，或踞山冈，或藏幽谷，或临绝壁，或处水际，都可随遇而安，因此，从先秦时代开始，历代的离宫别苑、私家园林、风景名胜地等，到处都可见到形式多样的亭。

风景园林中的亭，在功能上可作停留休憩，而且既可为点景制之，也可在亭中赏景，在建筑群内和廊一起作为楼阁台轩的联结点，形成跌宕起伏的景观。

亭也蕴含着丰富的亭文化。中国历代名亭都留下了文人名士的印记，有的具有纪念性，如绍兴纪念大禹的禹亭、曲阜纪念孔子的杏坛亭、岳阳楼旁纪念诗人杜甫的怀甫亭、山东益都三贤祠内明代建的纪念宋代范仲淹的后乐亭,以及现代建的纪念孙中山的很多中山亭。

许多名亭还留下了千古传诵的亭记,如欧阳修的《醉翁亭记》《丰乐亭记》,苏东坡的《放鹤亭记》(今徐州放鹤亭)、《喜雨亭记》等。

有的亭不仅为风景增色,还更为城市添光,如济南大明湖的历下亭,杜甫来时写下了"海右此亭古,济南名士多"的佳句。十里长亭,灞桥折柳,古往今来不知牵动着多少游子的离别情愁。李白《灞陵行送别》一诗,就是在当时长安东南的霸陵亭下写的;王维的《渭城曲》"渭城朝雨浥轻尘,客舍青青柳色新。劝君更尽一杯酒,西出阳关无故人",也是在驿亭中写成的;李白的《菩萨蛮·平林漠漠烟如织》中"何处是归程?长亭连短亭",表现了远行游子的归程之心。唐代长安兴庆宫中的沉香亭、明代剧作家汤显祖笔下的牡丹亭,描绘了古代宫廷和民间的爱情故事。

风景园林中一座座亭柱上的对联,是书法艺术的公众展廊,篆、隶、行、草各具特点,通常都是名家手笔。对联的内涵极为丰富,有的是对此景点睛之笔,有的是写出了景外之景,象外之象,意趣横生,让人欣赏具象之景外,更获得精神上的享受。例如,苏州沧浪亭上一幅由清代文人梁章钜因编辑《沧浪亭志》而获得的集句联"清风明月本无价,近水遥山皆有情",意境深远,充满诗情画意;杭州北高峰韬光观海亭上用唐代诗人宋之问《灵隐寺》诗句"楼观沧海日,门对浙江潮"作对联,使一座小小的亭子雄伟壮丽;孤山"西湖天下景"亭上有中华民国时期黄文中所撰对联"山山水水,处处明明秀秀;晴晴雨雨,时时好好奇奇",

巧用叠词，连绵回环，顺读倒读，拆开换位，一样自然流畅，充分反映了汉语独特的魅力，回味无穷。

亭　记

中国古代以"亭"为载体，阐发人与社会及自然关系的一种记体文，始于唐代，内容丰富庞杂。

亭本身的建筑造型、空间组织、游观功能等往往不是亭记记述的重点。按其内容和所表达的主旨，可以分为家国与社会、风景与感知、人格与品性三大类，依次包括以下 14 个方面的具体内容。

◆ 家国与社会

为官德政的礼赞称颂

历代亭记中，有关礼赞德政的篇目在绝对数量上最多，这类亭记大多描绘了亭之营造及其风景之设，与官员德政之间互为表里。

一方面，德政之美源于风景游观所带来的身心谐和，如唐柳宗元《零陵三亭记》通过记叙薛存义治理零陵、复兴社会的政绩，及其处置公事之余经营山水风景的活动，阐发了游观场所、观游活动之于治政利弊的见解："邑之有观游，或者以为非政，是大不然。夫气愤则虑乱，视壅则志滞。君子必有游息之物，高明之具，使之清宁平夷，恒若有余，然后理达而事成。"

另一方面，亭及其风景游观场所的营造正是德政的结果。首先，是因德政而有余暇营亭、有闲暇游亭，如唐柳宗元《邕州柳中丞马退山茅亭记》对德政、闲暇之间的关系给出了精到的阐释："夫其德及故信乎，信乎故人和，人和故政多暇。"政通人和之际，方有闲暇遍览风景、发现奇景。其次，是因德政而得以有效组织官方人力、物力开展建设，不累及百姓，从而得以体恤百姓、服务百姓，如北宋欧阳修《泗州先春亭记》记载了清河张侯入主泗州、体察民情、为民修堤防灾的事迹，并通过百姓之口道出张侯调用州兵筑堤的惠政："泗之民曰：'此吾利也，而大役焉。然人出于州兵，而石出于南山。作大役而己不知，是为政者之私我也。'"再者，是因德政而出一己之资俸营亭，也是为官者美德的一个侧面，如唐皇甫湜《枝江县南亭记》记叙了京兆韦庇因谗言算计而官贬枝江，却不计个人得失，勉力化解当地百姓之难，自己出资加以翻新重修南亭，即为韦庇德政及其成效的一个缩影："实为官业，而费家赀，不妨适我，而能惠众。"

除了称颂官吏德政广布，有的亭记指出亭的营造仅仅是其才德外显的一个很小的方面，从而愈发突显了德政绩效，如唐颜真卿《梁吴兴太守柳恽西亭记》："云轩水阁，当亭无暑，信为仁智之所创制。……水亭之功，乃余力也。"唐皇甫湜《枝江县南亭记》称赞以韦庇之德才营亭，是"以赤刀效小割"等。

国计民生的现实关怀

亭记对为官德政之于国计民生的具体而现实的关怀，也多有描写。北宋叶适《醉乐亭记》通过对比的手法，突出了宣城孙公对于永嘉百姓福祉的关切：孙公到任永嘉之前，"地狭而专，民多而贫"，贪官污吏勒索百姓、胡作非为；孙公到任永嘉之后，始能"访民俗之所安而知其故，至清明节，始罢榷弛禁”，其仁政于次年更见成效，“当是时，四邻水旱不常，而永嘉独屡熟”，百姓因之享有与众不同的实惠。

另有一些亭记不直接抒写德政修为，而表现了传统农事背景之下，作者本人或为官者对于民生疾苦的关切。如北宋苏轼《喜雨亭记》生动地描绘了久旱而终获甘霖后人们的各种喜悦情状，表达了渴求甘霖的真挚情感以及对百姓美好生活的真切向往；南宋张栻《多稼亭记》也表现了郡守对于民生的关怀：“观稼穑之勤劳，而念民生之不易。”道出了郡守在五谷丰登之际，不居功自傲，却谨慎秉持忧思不安、毫不懈怠的责任心。

此外，一些亭记在说理、理论层面对心系民生的治政理念进行了阐发。如王安石的《石门亭记》以“仁”为中心，阐述了为人、为官之道：“夫环顾其身无可忧，而忧者必在天下，忧天下亦仁也。……求民之疾忧，亦仁也。”方回的《秀亭记》则有“忧人之忧，乐人之乐者，太守责也”之语。这些都道出了对于国计民生的忧思之心，阐扬了推己及人的“忧”“乐”之辨。

国家兴亡的思虑期许

有关家国情愫的亭记，不仅有对于官吏德政的礼赞、对于民生现实的关注，也有对国家运命、未来的殷切期望。

元揭傒斯的《陟亭记》一方面追溯了阮民望其人其事，赞颂了阮氏的人格与人品，另一方面记叙了阮民望次子阮浩的孝道作为，但亭记最后的落脚点是抒发对于国家兴旺的深沉期盼：“当至元风虎云龙之世，使民望少自损，何所不至！而宁为乡善人以终抚其山川，天固将启其后之人矣。"

又如元宋濂的《环翠亭记》以环翠亭由兴而废、由废再兴的过程引发议论，将其盛衰起伏的曲折历程，与国家的兴盛、沉沦联系在一起。"昔人有题名园记者，言亭榭之兴废，可以占时之盛衰"，作者随后歌颂了明朝开国皇帝的丰功伟绩："盖帝力如天，拨乱而反之。正四海、致太平，已十有余年矣。"并再次由环翠亭重建"占幽胜而挹爽垲"之美，对国家的繁荣昌盛寄予深切的期望："是则斯亭之重构，……实可以卜世道之向。治三代之盛，诚可期也。"

读书取仕的治国愿景

唐朝以降，读书取仕已成为读书人崭露头角、为国效力，以及国家选拔治国之才的重要途径。一些亭的营造则与读书取仕及其治国愿景联系在一起。北宋欧阳修《陈氏荣乡亭记》通过记叙什邡县乡丈人陈君之子岩夫考取进士前后，该县县吏对于读书取仕的态度和认识的转变，宣扬了勤学、读书的潜在力量，及其于民提升素质、于官造福社会的良好效益。

又如南宋张栻《双凤亭记》通过记叙、评论双凤亭营造的来龙去脉，阐述了诗书诵读之事的价值："故其本，不过于治身而已；而其极，可施天下。此之谓至文。使永之士，益知斯之为文而进焉。则将灿然如邹鲁之士，而无愧于古。"表达了对"诗书礼乐"文化精神，及其"治身"并"可施天下"之力量的推崇和赞颂。

"与民同乐"的胸怀格局

北宋欧阳修《醉翁亭记》是体现"与民同乐"理念的千古名篇，其中入木三分地刻画了百姓去醉翁亭游乐、赴"太守宴"的欢乐场景："负者歌于途，行者休于树，前者呼，后者应，伛偻提携，往来而不绝者，滁人游也。"绘声绘色、惟妙惟肖，进而宴席之间"众宾欢""太守醉"，可以说这是体现"与民同乐"思想的一段绝唱。《醉翁亭记》影响及于后世，南宋叶适《醉乐亭记》、清张之洞《半山亭记》中都有类似的阐述。

除上述阐发为官者"与民同乐"的儒家思想与作为的亭记，元戴表元《寒光亭记》表达了佛家心系万民的内涵。作者在追溯寒光亭盛衰兴废历程之后引发议论，写到一般人认为风景佳处常被僧佛者用以营造居游之所，但他们与王侯将相"徒欲乐于其身"不同，而"常愿与人同之"，作者进而从亭之兴废的表象，引申到"用心之公私广狭"的为人处世的哲理。

追念先贤的尚古情怀

一些亭记通过对前辈先贤事迹、品性等的礼赞，表达了特定的尚古情怀，而这些前辈先贤，通常是维系家国稳定、抚恤社会民生的重要角色。

首先是倡导善政以治国。唐皮日休《郓州孟亭记》叙述了荥阳郑公命名"孟亭"的缘由，盖出于对孟浩然的尊崇。作者同时盛赞孟浩然的诗文成就，更点明其"天爵"身份，因此该亭记通过礼赞孟浩然之品行修养，曲折地反衬了荥阳郑公的"乐善之深"，且"百祀之弊，一朝而去，则民之弊也去之可知矣"，以肯定的语气预见了郑公德政的积极成效。明李骏《合浦还珠亭记》则用较多篇幅叙述了"合浦还珠"的故事，即东汉合浦太守孟尝革除前任贪官污吏之暴政，珠蚌终而重返合浦，百姓复得安居乐业的千古佳话，一方面追念孟尝，另一方面具有积极的劝诚、勉励意义。

其次是颂扬武功以立国。清张謇《重建宋文忠烈公渡海亭记》记述宋代抗元名臣文天祥渡海壮举历程，赞扬文天祥虽"出万死一生奔进流离""蒙无辩之谤，蹈不测之危"，但还是以鄙薄之力为国尽忠的精神，表达了对一代民族英雄的敬仰之情。

再者是尊崇文化以兴国。前贤树立的文化丰碑，成为后世园亭营造的典范。北宋胡宿《流杯亭记》描绘众宾客雅集流杯亭的盛况："贤侯莅止，嘉宾就序，朱鲔登俎，渌醅在樽，流波不停，来觞无算，人具醉止，莫不华藻篇章间作，足以续永和之韵矣。"是为政通人和、繁荣昌盛之际，文化之于社会隆盛的必要而必然的内在价值。

总之，这类亭记通过追溯先贤风范，赋予亭以特定的政治、社会、文化内涵，表达了深切的家国情愫，彰显了强烈的社会使命感，以及对于卓越文化风尚的追求或期盼。

◆ 风景与感知

自然风景的体验领略

亭作为园林、风景营造的重要组成部分，是人工为之，并供人游赏。因而亭往往是反映人与自然互动关系的所在，许多亭记描写自然风景，并抒发作者对于自然风景的体验。

对于自然风景的身心体验通常是复杂而综合的，有多种感官的参与。唐独孤及《卢郎中浔阳竹亭记》描述："亭前有香草怪石，杉松罗生，密条翠竿，腊月碧鲜，风动雨下，声比萧籁。亭外有山围溢城，峰名香炉，归云轮囷，片片可数，天香天鼓，若在耳鼻。"其中可见竹亭及其环境之悦目的景、悦耳的声、扑鼻的香。

有的亭记则阐述了某一种感官体验的丰富性。唐白居易《冷泉亭记》描写了与自然亲和的多种触觉，兼及多样丰富的游赏活动：春日草木和煦、欣欣向荣；夏夜泉水平静、清风徐徐；坐于亭中观赏游玩，可"濯足于床下"；卧之与亭亲密接触，可"垂钓于枕上"。清袁枚《峡江寺飞泉亭记》则状写了丰富的听觉体验："登山大半，飞瀑雷震，从空而下。……僧澄波善弈，余命霞裳与之对枰。于是水声、棋声、松声、鸟声，参错并奏。顷之，又有曳杖声从云中来者，则老僧怀远抱诗集尺许，来索余序。于是吟咏之声又复大作。天籁人籁，合同而化。"其中的"天籁"有水声、松声、鸟声，"人籁"有棋声、吟咏之声，真是天、人"合同而化"的绝妙境界。

除了人对于自然外物的具体感官体验之外，园林中的四时景象，也通常是亭记表现的对象，将人的感官体验置于自然的运行、流转之中。唐李绅《四望亭记》的"春台视和气，夏日居高明，秋以阅农功，冬以观肃成"将春、夏、秋、冬的不同生活内容融汇在一起。又如北宋欧阳修《醉翁亭记》描绘了四时之景："野芳发而幽香，佳木秀而繁阴，风霜高洁，水落而石出者，山间之四时也。朝而往，暮而归，四时之景不同，而乐亦无穷也。"

另一些亭记则点明游观之乐，实则在于"心"与自然的交感，即由"外"而"内"阐发对于自然风景的体验。唐刘禹锡《洗心亭记》阐释了"洗心"之名的由来：亭位于山势高处，四周景致皆在望中；旁有松、石、竹，清静幽寂，沁人心脾；能激发词人灵感、淡泊僧侣心志、化解忧人思虑；游览该亭"适乎目而方寸为清"，由外在观瞻以致内心的安逸平静，这正是"洗心"之内涵。又如北宋欧阳修《醉翁亭记》中脍炙人口的名句"醉翁之意不在酒，在乎山水之间也。山水之乐，得之心而寓之酒也"也提到身心与外物的交互，强调了风景之于内心的升华。

日常人伦的生命感怀

亭作为人经营自然风景的媒介之一，所蕴含、寄托的身心体验，还涉及日常生活与人伦之情。

一是抒发基于个人生活体验的生命感怀。元戴表元《乔木亭记》对比了作者儿时游亭与数十年后再游的不同心境。之前由于家境富足、生活安逸，悦目赏心之事多，甚而未曾察觉游赏乔木亭之乐。而在离乱之后，常常衣食堪忧、居无定所，再会乔木亭时，竟成为自己阅卷神游之处，藉之触景生情，甚至可以消解烦忧，成为作者不可或缺、形影不离的伴侣。作者在朴实清雅的字里行间，流露出淡淡的感伤之情与故国之思。

二是表达家人共同生活而生发的醇厚情感。北宋欧阳修《李秀才东园亭记》依时间脉络呈现了与该园亭相关的人、事、景：追忆孩提之时，李公其父营园亲力亲为、勤勤恳恳；描绘现实之景，"树之蘗者抱，昔之抱者枿，草之茁者丛，荄之甲者果"；构想未来之变，"梁木其蠹，瓦甓其溜，石物其泐"，抒发了时光蹉跎之叹。又如清郑珍《斗亭记》追记了作者与家人（特别是母亲）围绕斗亭度过的三年时光，或垂钓、或诵书、或咏诗、或种种儿戏，不一而足，在琐碎的日常生活之中见人伦之乐，以及作者对于母亲、家人的深厚、真切的情感。

风景经营的能主之人

亭的营造作为人与自然互动关系的呈现载体之一，有时更出于人对于自然风景的慧眼，表现出人经营自然风景的能动性。

唐白居易的《白苹洲五亭记》记叙了梁吴兴太守柳恽、颜鲁公真卿、弘农杨君先后在白苹洲以德政为基础，最终成就"五亭"的风景经营，说明了"人"在其中的能动性："大凡地有胜境，得人而后发；人有心匠，得物而后开。境心相遇，固有时耶？盖是境也，实柳守滥觞之，颜公椎轮之，杨君缋素之。三贤始终，能事毕矣。……政成，故居多暇日。繇是以余力济高情，成胜概，三者旋相为用，岂偶然哉？"具体而言，柳恽首先因景赋诗，始有"白苹"之名；颜真卿"苹榛导流"，始有八角之亭；杨刺史最终"疏四渠，浚二池，树三园，构五亭，卉木、荷竹、舟桥、廊室，洎游宴息宿之具，靡不备焉"，综合了各种自然与人工的造园要素，并囊括了观游、宴饮、休憩、歇宿等多样的功能，可见其出色的造园才能。

类似的例子还有唐柳宗元《零陵三亭记》中的河东薛存义、《桂州裴中丞作訾家洲亭记》中的御史中丞裴公、《邕州柳中丞马退山茅亭记》中的作者兄长柳宽、唐韩愈《燕喜亭记》中的王仲舒（字弘中）、明徐可求的《日迟亭记》中的衢州太守瞿溥等。

为人为事的事理哲思

亭记和很多其他类型的古代散文一样，通常不仅借景抒情，往往托物言志、以物喻人，甚至借物喻理。

　　首先，是对人与自然相互关系的阐发。北宋梅尧臣的《览翠亭记》提出了风景常存、"乐亦由人"的观点，并进一步论述："暇不计其事简，计其善决；乐不计其得时，计其善适。"即风景营造的因地制宜、风景享乐的因时合宜，是一种探求自然风景的能动心态以及体验自然风景的互动状态。

　　其次，是对人生运命、归宿的思考。北宋苏轼的《墨妙亭记》就时任湖州知州的孙觉（字莘老）为收藏湖州境内自汉代以来的石刻，建造墨妙亭以求石刻长存之事，探讨了"知命"的命题。作者认为亭子之类的物质实体看似坚固，其实难以经久："恃形以为固者，尤不可长，虽金石之坚，俄而变坏。"而所存石刻上的"功名文章，其传世垂后，乃为差久"，情况要好得多。这种以不经久之物，保存相对久传之物的做法，几乎是"不知命"的表现。作者进而思辨世间事物存亡之理：人有生死、国有兴亡，是为"天命"；但不能听由天命而无所作为，由此苏轼认为"知命者，必尽人事，然后理足而无憾"，"至于不可奈何而后已"，是为"知命"。

　　再者，是对外物功用的"道器之辩"。明袁中道的《楮亭记》论述了楮树之"材"与"不材"的关系，记叙了楮亭的由来。作者借此说明所谓"不材之物"，在特定的情境下，也必然有其功用，暗含了"尺有所短，寸有所长"哲理，也体现了"天生我材必有用"理念的豁达与自信。

　　此外，还有对社会运行之理的解说，如北宋曾巩的《饮归亭记》阐发了"成大事"与"做小事"之间的关系。该亭记通过追溯古代射礼由兴而衰的过程，体现了"天下之事能大者固可以兼小，未有小不治而能大"之理。

◆ 人格与品性

不囿外物的气度风骨

传统士大夫在为学、为官的过程中，表现出一些特定的文化特质，如豪放的气度或超凡的风骨。一些亭记刻画了他们超脱于外物的大小、多寡、奢俭、繁简、美丑，而表现出的怡然自洽的生命状态。

唐独孤及《卢郎中浔阳竹亭记》中的卢公是超脱外物奢俭的个例，其竹亭"工不过凿户牖，费不过剪茅茨，以俭为饰，以静为师。辰之良，景之美，必作于是。凭南轩以瞰原隰，冲然不知锦帐粉闱之贵于此亭也。"在风景游观与认知中，简朴的亭甚至比华丽的宫廷更加可贵。

北宋欧阳修的《游鲦亭记》即阐述了其兄晦叔虽"困于位卑，无所用以老"，但无意外物大小与否而自得其乐的精神境界："今吾兄家荆州，临大江，舍汪洋诞漫，……而方规地为池，方不数丈，治亭其上，反以为乐，何哉？盖其击壶而歌，解衣而饮，陶乎不以汪洋为大，不以方丈为局，则其心岂不浩然哉！"作者认为："其为适也，与夫庄周所谓惠施游于濠梁之乐何以异？""濠梁之乐"典出《庄子·秋水》，其典故体现了不囿于外物的畅达心胸，也是"游鲦"亭名的由来。

北宋苏轼《超然亭记》探讨了看淡事物美丑所能给予的身心享受。其开篇即曰："凡物皆有可观。苟有可观，皆有可乐，非必怪奇伟丽者也。"即事物并非美观靓丽，才能引发愉悦。该亭记还以写实的手法叙述了作者自得其乐、营园赏景的惬意心境，最终做出结论："以见余之无所往而不乐者，盖游于物之外也。"

明陶望龄的《也足亭记》阐述了其挚友朱晋甫超脱物质数量多寡而获致的自足之乐。朱君爱竹，虽然其宅园之竹仅有两丛，但"视彼数竿，富若渭川之千亩而有以自足"，即两丛竹便似千亩林海，是为精神升华之境界。

清施闰章的《就亭记》表现了作者超脱物质繁简、无所多求的淡然心态。"就亭"是作者以江西参议驻临江（今江西樟树）时所建，"得轩侧高阜，……作竹亭其上，列植花木，又视其屋角之障吾目者去之"，也并无多少巧思经营，其命名意为"就其地而不劳也"，即无意于建亭地段的粗放、简陋，顺势、即时而为，从而流露出随遇而安、知足常乐、超脱物象的心态与志趣。

归隐出世的淡泊旨趣

超脱物质利益羁绊的气度风骨，在某些情况下也可能表现出"出世"、避世自遣、消极归隐的生活旨趣，这在厌倦、逃避官场倾轧的士大夫中尤为常见。北宋苏舜钦《沧浪亭记》主要记述了贬迁苏州后，建沧浪亭的经过，及其所思、所感、所悟。其开篇即提到"予以罪废，无所归"，道出一种游离官场之外的虚无缥缈的消极心境。之后偶然发现奇景，进而营亭，在独自游赏之时，"则洒然忘其归"，此中"真趣"给予作者以新的领悟，是一种更高层次的畅达心境。作者在论理之中"安于冲旷，不与众驱"，"沃然有得，笑闵万古"，表现了一种脱胎换骨般的旷达心境。类似的例子还有唐皮日休《通元子栖宾亭记》、北宋苏轼《放鹤亭记》、北宋黄庭坚《蜀川松菊亭记》、北宋汪藻《玩鸥亭记》、明归有光《悠然亭记》等。

"仕""隐"互补的处世心智

一些亭记表现了将"仕""隐"这两种处世态度和修为加以结合、互补的处世智慧。唐权德舆《许氏吴兴溪亭记》中的许氏其人和溪亭便兼得"仕""隐"两种特质，作者用"动静之理"加以表述："君之动也，仕宦代耕，必于山水之乡，故尉义兴，赞武康，皆有嘉闻。""其静也，则偃曝于斯亭，循分食力，不矫不躁。"许氏其人营亭观览，自适其中。溪亭样式简约、色彩淡雅、傍依小溪，一派田园风光，且"与人寰不相远，而胜境自至"，兼得"入世""出世"之妙。

与"仕""隐"兼得的处世智慧不同，北宋曾巩《道山亭记》主要表现了为官福州的程公诗孟"仕""隐"兼得的志趣。福州所在的"闽"，其地艰险偏远，"故仕者常惮往"，而程公无所惧，"独忘其远且险"。程公建亭于"闽山嶔崟之际"，因"登览之观，可比于道家所谓蓬莱、方丈、瀛州之山"，而将其命名为"道山亭"。因此，程公之"仕"见其"勇"，而"隐"见其"志"，其鲜明的人格跃然纸上。

高洁质朴的"君子"品格

"君子"是中国传统文化中的一个重要概念，广见于各种古典典籍之中。历代亭记中也不乏对"君子"这一命题的阐述，大致有"君子"的言行品格、社会担当、文化情愫三个方面的内容。

在"君子"的言行品格方面，北宋曾巩《尹公亭记》开篇点明："君子之于己，自得而已矣，非有待于外也。"即君子对于自己的评判，关键是内在修身的高度，而非外界的眼光。作者随即引用了《论语·卫灵公》第二十章"子曰：'君子疾没世而名不称焉。'"并认为君子正是有这样的品质，"所以与人同其行也"，即含蓄、内敛、不求功名的风范，且与世人一同勉力躬行。该亭记叙述了尹公遭贬官之后，躬行仁义、精研学问的作为，"不以贫富贵贱死生动其心"。

在"君子"的社会担当方面，唐李绅《四望亭记》写道："春台视和气，夏日居高明，秋以阅农功，冬以观肃成。盖君子布和求瘼之诚志，岂徒纵目于白雪，望云于黄鹤。"其"四望"绝不仅仅是观览风景而已，而且还有农事劳绩、诗书诵读等内容，表达了超脱于风景游赏的致力社会安和、体察百姓疾苦的"君子"之志。北宋欧阳修《峡州至喜亭记》记叙了尚书虞部郎中朱公的卓绝品格，其为官峡州，尽管地居僻远、薪俸微薄，却能不求功名、致力德政，作者认为朱公正是"《诗》所谓'恺悌君子'者矣。"

在"君子"的文化情愫方面，唐元结《广宴亭记》叙述武昌（今湖北鄂州）县令马向筹划营造广宴亭，用以追溯当年吴国孙权"樊山开广宴"之地的历史渊源，并认为"古人将修废遗尤异之事，为君子之道"，也即马向营亭之举，有"君子"风范，是对古代前贤的敬重，也体现了悠远的文化传承及历史胸怀。

醉翁亭

因欧阳修（1007～1072）命名并撰《醉翁亭记》一文而闻名遐迩，被誉为"天下第一亭"。位于安徽省滁州市西南六七里的琅琊山半山腰。初建于北宋仁宗庆历（1041～1048）年间。被列为国家重点文物保护单位。

◆ **沿革**

庆历七年（1047），欧阳修受丞相夏竦等诬陷，被贬为滁州太守。欧阳修赴滁州后，因心积郁愤，常到琅琊寺饮酒抒怀，与寺内住持僧智仙和尚结为莫逆之交。智仙十分同情欧阳修的遭遇，便在半山路上修建此亭，供欧阳修歇脚、饮酒之用。当时欧阳修虽然只有 40 岁，但在同游宾客中年岁最高，故自称"醉翁"，并以此为亭名。《醉翁亭记》对此记叙："作亭者谁？山之僧智仙也；名之者谁？太守自谓也。"除歇脚和饮酒外，醉翁亭也是欧阳修办公的处所："为政风流乐岁丰，每将公事了亭中。"

醉翁亭初建时只有一座亭子。北宋末年，知州唐俗在其旁建同醉亭。至明代，始为兴盛，相传当时房屋已建至"数百柱"，惜随后多遭破坏。清咸丰（1851 ～ 1861）年间，整个亭园已沦为一片瓦砾。光绪七年（1881），全椒观察使薛时雨主持重修，亭为江南风格的木结构建筑，翼角起翘颇高，单檐四角歇山顶，四周空畅，围以美人靠，平面呈方形。其后多次修复、整修，规模逐渐扩大。清末曾有联曰："翁去八百载，醉乡犹在；山行六七里，亭影不孤。"道出了醉翁亭及其主人的独特魅力和深远影响，以及后世对先贤的追怀与感念。

◆ **布局**

如今的醉翁亭是一座

醉翁亭全景

包括亭、轩、台、房舍在内的亭园，占地约 25 亩，坐落在"水声潺潺，而泻出于两峰之间"的"让泉"边。亭园布局精巧、环境幽雅；建筑粉墙青瓦、飞檐立柱；园外参天古木，苍郁茂密，为醉翁亭平添一抹清幽的古趣。

从亭园东首入门，迎面便是欧阳修称之为"有亭翼然"的"醉翁亭"。亭旁立一倾斜石碑，镌有篆书"醉翁亭"三字。亭西面的"宝宋斋"中藏有高 2.4 米、宽 1 米的两块石碑，刻有苏东坡手书《醉翁亭记》，人称"欧文苏字"，为醉翁亭古迹中的一件珍宝。从"宝宋斋"往西，穿过洞门，为一颇具江南园林风格的独立院落，亭台参差错落，左右相倚，上下相望，尤其是众多风格迥异的亭，四处林立，饶有风趣：有可观"曲水流觞"的"意在亭"，亭名取自"醉翁之意不在酒，在乎山水之间也"，其联曰："酒洌泉香招客饮，山光水色入樽来"；有独立方池中的"影香亭"，其联取自宋代林逋《梅花》一诗："疏影横斜水清浅，暗香浮动月黄昏"；还有可登临眺望的"怡亭"；尤其令人称道的"古梅亭"，亭前三株梅树，相传为欧阳修亲手所植（注：从梅树生长状况看，实为后人移栽）。在醉翁亭这一组合亭园中还有二贤堂、冯公祠等建筑，其中漏窗、洞门、曲流等建筑、园林处理手法，使整个亭园清丽雅致、别具一格。

徐州放鹤亭

以苏东坡的《放鹤亭记》而闻名的亭子。位于江苏省徐州市云龙山。

国画家李可染创作的《放鹤亭》水墨画（1945 年作），于 2007 年作为特种邮票发行。

放鹤亭始建于宋神宗元丰元年（1078），为张师厚（字天骥，号云龙山人，生卒年不详）筑。亭的选址极佳，在云龙山"冈岭四合，隐然如大环。独缺其西十二（西部的2/10）"处，在亭中观景"风雨晦明之间，俯仰百变""春夏之交，草木际天，秋冬雪月，千里一色"。"山人有二鹤，甚驯而善飞。旦则望西山之缺而放焉，纵其所如，或立于陂田，或翔于云表，暮则傃东山而归。故名之曰'放鹤亭'。"

宋神宗熙宁十年（1077）四月，苏东坡任徐州太守，五月到任，七月黄河决口，八月水及徐州城下，他率众抗灾，终于保城成功。第二年春天，太守应张天骥之邀，率幕僚同赴山人居所，饮酒欢乐。席间张山人恳切向太守提出赐笔撰文，苏东坡当即允诺，奋笔疾书写了这篇千古名文《放鹤亭记》。

放鹤亭自宋以来，屡有兴废。明嘉靖十一年（1532）徐州都司时宗、清同治十一年（1872）徐海道、吴世熊都曾重建过放鹤亭。中华民国失修。中华人民共和国成立后，于20世纪50年代、70年代两次整修。

放鹤亭虽以"亭"名，实为厅轩式建筑，非宋式原状，而是后人改建的（明清时期），三间阔绰的直脊砖屋，建在凸形平台地基上，建筑南北宽11.95米，进深4.95米。前廊檐由四根方柱支撑，正面门楣上"放鹤亭"三字匾，集苏东坡墨迹合成。

放鹤亭西侧有饮鹤泉，该泉早于放鹤亭就存在，据方志记载："饮鹤泉一名石佛井，深七丈有余。"苏东坡有《游张山人园》诗："闻道君家好井水，归轩乞得满瓶回。"可以想见，当年"饮鹤泉"的水质甘洌，也因之而成张山人居所选址于云龙山上的原因。饮鹤泉之南十多米处，在一高坡，建有一小亭名"招鹤亭"，因《放鹤亭记》中既有《放鹤》之歌又有《招鹤》之歌而命名。

杭州放鹤亭

因"梅妻鹤子"故事而闻名的古建筑。位于浙江省杭州西湖孤山东北隅林逋墓东侧。

林逋，钱塘（今杭州）人，是北宋的诗人、隐士，后人称他为和靖先生、林和靖。宋真宗景德（1004～1007）年间，曾游历江、淮一带，归里后，筑庐舍于孤山，隐居20余年，足迹不到城市，不仕不娶，以赋诗作书，栽梅养鹤自娱。传说中，其栽梅360多株，以采梅果供生活之需；以养鹤传信，有时他乘小船游湖，家中如有来客，童仆就放鹤到湖上飞翔，通知他回家。故人称其为"梅妻鹤子"，其诗孤峭澄淡，意境高远，所作大多为咏梅诗，其《山园小梅》诗"疏影横斜水清浅，暗香浮动月黄昏"历来被誉为咏梅诗中的绝唱。林逋虽为处士，却为一时名公所推崇，去世后葬于孤山之北。宋度宗咸淳（1265～1274）年间，金华王庭题"和靖先生墓"五字。宋亡，元僧杨琏真伽盗发，棺中唯遗一玉簪。元世祖至元（1264～1294）年间重修，明、清多次修葺。现存墓碑题刻《林处士和靖之墓》，墓旁补植梅花。

放鹤亭在墓东侧，《孤山志》载："元时郡人陈子安，以处士当日不娶，以梅为妻；无嗣，以鹤为子。既有梅不可无鹤，乃持一鹤为孤山荣，并构亭于其地。"清雍正《西湖志》载："宋和靖处士林逋故庐也。鹤亭与梅亭并废。明嘉靖（1522～1566）年间钱塘令王釴重

建，曰放鹤亭。崇祯壬申，盐运
副使崔世召新之。岁久圮。"后，
康熙十二年（1673），巡抚范承
谟重葺。康熙三十五年，康熙仿
董其昌字体所书《舞鹤赋》（文
为南北朝时鲍照作），并刻石，
碑石高 2.4 米，宽 2.94 米，原碑
石存于"御碑亭"中。清雍正时，
总督李卫复增西湖十八景，"梅
妻鹤子"为十八景之一。

杭州放鹤亭

　放鹤亭是 1915 年重修的建
筑，1950 年后按原样几次重修。
亭为重檐歇山顶，端庄典雅。亭内置康熙帝书《舞鹤赋》碑石，亭柱有
一副对联为林则徐所撰"世无遗草真能隐，山有名花转不孤"，含义幽
深。放鹤亭处于"岁寒岩"的高台上，下有水池，池上有处士桥，均为
古迹。亭西侧的古樟，浓荫如盖，把亭衬托出古意盎然。

绍兴兰亭

　以中国书法家雅集胜地著称的名亭。位于浙江省绍兴市西南 13 千
米处的兰渚山下兰亭江畔。

◆ 历史沿革

　据《越绝书》记载，越王勾践种兰渚田于此，汉代建驿亭，兰亭之

名得于此。东晋永和九年（353），暮春之初，时任右军将军、会稽内史的书圣王羲之邀集好友41人，"会于会稽山之兰亭"，以修禊事。"是日也，天朗气清，惠风和畅"，他们引溪流为"流觞曲水"，饮酒赋诗，得诗37首，编为《兰亭集》，王羲之即兴写了冠及中华书法的《兰亭集序》。由此，兰亭成为中国的书法圣地，成为历代文人墨客觞咏抒怀，遣兴留书的雅集之处。

历史上的兰亭，早已旧踪难觅，并几移其址。宋太宗至道二年（996），内侍裴愈到越州，曾见王羲之兰亭曲水旧址。明世宗嘉靖二十六年（1547），绍兴知府沈启移兰亭曲水于天章寺（今书法博物馆）前。清康熙十二年（1673），绍兴知府许宏勋重建兰亭。康熙三十四年，又敕重建，并将康熙帝御书《兰亭序》勒石建亭于天章寺侧。康熙三十七年，复御书"兰亭"两字悬额匾。其前为曲水，后为后军祠。兰亭为康熙（1662～1722）年间在明嘉靖旧址上的重建。但遭1956年、1962年台风、洪水多次侵袭冲刷，原兰亭除流觞亭、右军祠外，均面目全非。1979～1982年，兰亭进行了全面整修。

◆ 布局

兰亭不仅仅是一座"亭"，而是一处掩映在"崇山峻岭、茂林修竹"中的蕴含丰富历史文化内涵的风景园林。

兰亭位于景点中心，流觞亭之东。为石柱木构架建筑，方形，单檐翘角，北面砌墙，三面开敞，内立"兰亭"碑，高2.2米，宽0.95米，为康熙御笔。"文化大革命"时，碑被砸为三截，虽经修补，但可见破损痕迹。"兰"字缺尾，"亭"字缺头。

鹅池和鹅池碑

一泓清水的鹅池，群鹅嬉戏，池南为三角形的鹅池碑亭。相传"鹅池"两字是王羲之与其子王献之父子合书。那天王羲之正饱墨书写，刚写完"鹅"字，闻皇帝诏至，即出接诏，时八岁的王献之即提笔续写了一个"池"字。现仔细分析，二字中"鹅"瘦，"池"厚，这就成了书法史上的"父子碑"，碑高1.93米，宽0.86米，立于清同治（1862～1874）年间。

绍兴兰亭内的鹅池碑亭

流觞亭

鹅池后，经过曲水，即至流觞亭，此亭形如厅、轩，面阔三间，单檐歇山四面坡顶，四周砌墙，三棱花格门窗，有檐廊，通宽13.33米，进深10.56米。"流觞亭"匾额为光绪二十四年（1898）书。

曲水流觞

位于鹅池和流觞亭之间。自平岗蜿蜒向南，水泉两侧山石驳岸，自然错落，为1985年杭州市园林工程处所构。文人雅集时，宾客列坐水岸两侧，盛有酒的觞（杯子）从上游缓缓而来，觞在谁的位子边停住，谁就吟诗一首或歌一曲，以追王羲之当年雅事，情趣盎然。

右军祠

流觞亭后即为右军祠，祠是围合式建筑，始建于清康熙三十七年，四面环水，总面积756平方米，进门厅即为墨池。相传，王羲之"临池学书，池水尽黑"，以此立意，设墨池。池中有"墨华亭"。正厅宽五间，内陈列着自唐以来历代名家临摹的《兰亭集序》的各种书法手迹。两旁长廊，壁嵌历代所摹《兰亭集序》刻石。

御碑亭

御碑亭位于右军祠东南，清康熙三十四年立，碑高 6.86 米，宽 2.64 米，厚 0.44 米，重 1.8 万千克，为中国最大的古碑之一。碑亭八角重檐攒尖，背面镌刻乾隆二十五年（1760）弘历游兰亭的御笔《兰亭即事》诗。因此，人称"子孙碑"。

绍兴兰亭内的墨华亭

绍兴兰亭内的御碑亭

◆ **千古名帖**

王羲之在修禊时所写的兰亭诗序文，原无题，今题是后人所加，所以有《临河序》《兰亭序》《兰亭诗序》《修禊序》等名称。故《兰亭集序》亦称《兰亭序》等。全文28行，324字。字字精妙，犹如行云流水，神助而成。"遒媚飘逸，绝代所无"，被历代书法界奉为极品。书帖一直是王氏传家之宝。到王羲之七世孙僧智永死后，传给弟子辩才。传说此帖后被唐太宗李世民得到。贞观二十三年（649），太宗病危，召太子李治（高宗）到病榻前，遗嘱以《兰亭集序》殉葬，从此《兰亭集序》真迹遂不见于世间，后世所传，都是历代摹本。

其中唐代有虞世南、褚遂良、冯承素等摹本，其中以冯承素的摹本普遍认为最接近真迹。在石刻本中，后人认为最好的为欧阳询的刻本。据元代陶宗仪《辍耕录》载：兰亭集序117（刻）种，分装成10册，宋理宗赵昀内府印藏，每段有内府图书钤印，为传世之宝。清帝乾隆亦搜集历代名家临摹本，汇为一帙，称为《兰亭八柱帖》，千古名帖，也培养了无数书法家和书法爱好者。

大明湖历下亭

始建于北魏的古亭。位于 大明湖中东南隅的小岛上，岛面积4160平方米。

历下亭历史悠久，位处历山（千佛山）下，取名历下亭。郦道元《水经注》称"客亭"，是官府为迎接宾客而建。唐玄宗天宝四载（745），33岁的诗人杜甫来到临邑看望其弟杜颖，并游历齐鲁，路经齐州（今济南）拜会友人。时任北海（今山东青州）太守李邕（678～747），闻讯特意从北海赶到齐州，欢宴在历下亭中，还有许多齐州名士作陪。时年李邕已68岁，席间把酒长谈，两人可谓忘年之交。这是杜甫初次拜会早已仰慕的李邕，十分感激长辈的感情，即兴作一首五言诗《陪李北海宴历下亭》："东藩驻皂盖，北渚凌青荷。海右此亭古，济南名士多。……贵贱俱物役，从公难重过。"其中，"海右此亭古，济南名士多"成了1000多年来历下亭乃至济南的一张引以为傲的名片。而最后一句感慨人身不由己，要想与老前辈重新相会，恐怕很难了，竟一语成谶。一年后，一代书法大家、以豪侠闻名的李邕遭奸相李林甫陷害，被杖杀在山东北海任上。对于李邕的冤死，李白与杜甫都悲痛愤怒之极，写下了感怀之诗。

历下亭到了唐朝末年逐渐废圮，北宋曾巩在齐州任职时重建，但亭位置已在大明湖南岸州衙宅后。之后又几经兴废，到清初，山东盐运使李兴祖于康熙三十二年（1693）在大明湖岛上现址重建，其规模比前扩大，坐北朝南，额匾"古历亭"，同时，又在亭西南筑土垒台，建轩三间，题额为"蔚蓝轩"。历下亭为八角重檐，攒尖宝顶，八柱矗立，

大明湖历下亭

红柱青瓦，亭脊饰有吻兽。亭身通透，亭檐下悬挂清乾隆帝（1736～1795年在位）御书"历下亭"匾额。亭西侧的"蔚蓝轩"依然还在。亭之北有大厅五间，硬山出厦，名"名士轩"。轩内西壁，嵌李邕和杜甫线描石刻画像。东壁嵌清代书法家何绍基题写的《历下亭》诗碑。历下亭之南是院落的大门，大门匾额红底金字"海右古亭"，楹联"海右此亭古，济南名士多"亦为何绍基书。大门两侧为东、西长廊，廊中有名家诗碑。大门西侧有御碑亭，与西游廊相接，亭内有乾隆十三年（1748）御书《大明湖题诗》碑。门东侧有石碑横卧，亦为乾隆帝书"历下亭"三字。历

下亭东南，临湖有古柳一株，树龄约 160 年。枝干均枯，却又枯木重生，皮外萌生嫩枝。

历代诗文记叙历下亭的许多。明末，济南诗人刘敕《历下亭》诗："不见此亭当日古，却逢名士一时多。"明万历（1573 ～ 1620）年间客籍济南诗人张鹤鸣诗："海内名亭都不见，令人却忆少陵诗。"清康熙三十二年蒲松龄到济南做客，时重建历下亭工程刚竣工，写下兴奋之作《重建古历下亭》诗："大明湖上一徘徊，两岸垂杨荫绿苔。大雅不随芳草没，新亭仍傍碧流开。雨余水涨双堤远，风起荷香四面来。遥羡当年贤太守，少陵嘉宴得追陪。"

长沙爱晚亭

中国四座名亭之一。位于湖南省长沙市湘江西岸、岳麓山岳麓书院后清风峡中。全国重点文物保护单位。

爱晚亭是国家级风景名胜区——岳麓山风景名胜区的核心景点之一，也是 2004 年中国邮政局发行的特种邮票《中国名亭》中四座名亭之一。

爱晚亭与岳麓书院相近，两者相映生辉。爱晚亭始建于清乾隆五十七年（1792），为当时岳麓书院院长罗典创建。原名红叶亭，后由湖广总督毕沅根据唐代诗人杜牧的七言绝句诗《山行》"远上寒山石径斜，白云生处有人家。停车坐爱枫林晚，霜叶红于二月花"而改名为"爱晚亭"。清同治（1862 ～ 1874）、光绪（1875 ～ 1908）、宣统（1909 ～ 1911）年间均相继进行过修复。抗日战争时期曾被毁。1949 年后，曾进行过多次修建。现存的爱晚亭是 1952 年时重建的。

爱晚亭造型优美，古朴典雅。为重檐四坡攒尖顶，外檐出挑较远，翼角高翘、轻盈舒展，覆以绿色琉璃筒瓦。亭平面为方形，亭边长各 6.23 米，高 12 米，台基高 0.4 米，周围环境幽静清寂，庭前有方塘亩许，放眼远眺，夏日林木葱郁，秋天层林尽染，枫叶如火。

长沙爱晚亭

亭的匾额是 20 世纪 50 年代初，由当时湖南大学校长李达专函请毛泽东主席手书。爱晚亭也是毛泽东早期革命活动场所。20 世纪初毛泽东离开故乡韶山，在湖南第一师范求学，常与同学蔡和森等携游爱晚亭。和杨开慧相爱，常结伴来爱晚亭谈心。

1925 年，毛泽东借景抒怀写下了"指点江山、激扬文字"的《沁园春·长沙》名篇，这首词的手书现悬挂于亭内。

颐和园廓如亭

大体量古亭。位于北京市颐和园昆明湖的东南部，十七孔桥东侧。占地面积 130 平方米。

颐和园廓如亭与中国风景园林中最长的 150 米长桥相得益彰，组成了一幅长桥、巨亭、起伏有致、气势恢宏的风景图。

廊如亭，始建于清乾隆十七年（1752），光绪十四年（1888）重修。巨亭为八方、重檐、八脊攒尖圆宝顶，形制宏丽威重，构造严谨缜密。亭内由内外三围 24 根圆柱，16 根方柱支撑。亭内檐悬挂 8 幅字画，其中两幅为乾隆三十五年和三十六年御制诗，其余 6 幅有慈禧"三方佛爷宝"，是大臣们分别抄录南朝文学理论家刘勰的《文心雕龙》中的词句，有"原道""证圣""宗经""史传""神

颐和园廊如亭

思"和"通变"内容，增加了此亭的文化内涵。亭的四周建有八方形平台，各边长 11.1 米，环绕平台砌有 1 米多高的宇墙，墙外各建木栅栏门。

廊如亭，原是皇帝春秋两季到昆明湖中龙王庙广润祠行祭礼时停放舆乘的处所，如有兴致时，也在这里赏景并赐宴臣子，饮酒赋诗。

廊如亭丰富了颐和园东南部的风景线，避免了过于简单空旷。同时，在亭内外可观眺万寿山和西山群峰。

北海五龙亭

明代五座亭建筑群。位于北京市北海公园太液池西北隅。占地面积 573.53 平方米。

五龙亭始建于明万历三十年（1602），《明宫史·全集》载："河

干有亭五，中曰龙泽，左曰澄祥，右曰涌瑞，又左曰滋香，右曰浮翠，总谓之五龙亭也。"（《北海景山公园志》）

北海五龙亭

五龙亭伸入水中，五亭均为方形，中间龙泽亭为重檐，下方上圆攒尖顶。左右两亭澄祥和涌瑞亦为重檐，两层均为方形，四角攒尖顶；再左右两亭滋香、浮翠，为单檐四角攒尖顶。五亭顶均为黄色琉璃瓦绿剪边。五亭以左右对称的布局前后错落布置，五亭之间有石桥和白玉栏杆相通，呈S形与湖岸相连，形如龙形，故称五龙亭。

五龙亭在清代曾多次重修、彩画，仅乾隆（1736～1795）时期，分别于十一年、二十三年、二十八年、三十五年4次修葺。中华民国十四年（1925），北海从御园改为公园后，进行过修缮。中华人民共和国成立后，从20世纪50年代起，又进行过多次修理、彩刷。

五龙亭的位置在湖之西北，与琼华岛遥遥相对，是观景、赏月的最佳位置。在清代，即为帝皇、宫妃们休息、赏月、品茗、钓鱼的胜地。曾有诗称："液池西北五龙亭，小艇穿花月满汀，酒渴正思吞碧海，闲寻陆羽话茶经。"既是北海公园的重要景点，又是游人观景、休息的所在。

景山万春亭

清代五座亭主体建筑。位于北京古城中轴线景山中峰顶上。

景山地处北京中轴线上，南面对故宫神武门，直至天安门。元至元四年（1267）建大都时，将该地圈入皇城内。15世纪初，明成祖朱棣定都北京，永乐十八年（1420），在元大都的基础上完成重建北京的工程。在建都过程中，将拆除旧工程中的渣土和挖新紫禁城筒子河的泥土压在元朝所建的迎春阁旧基上，形成中轴线上的土山，取名万岁山，又称镇山，取镇压元朝王气之意，俗

景山万春亭

称煤山。顺治十二年（1655）改称景山。崇祯七年（1634）九月丈量山高十四丈七尺（合45.7米），该处成为明大内皇宫北面的御苑。崇祯十七年，李自成军攻克北京，崇祯帝鸣钟集合百官，无一人来朝，见大势已去，出玄武门登煤山，在山东侧一株槐树上自缢而亡。"文化大革命"期间，此树被剥皮致死，现槐树为1981年重栽。

乾隆（1736～1795）年间，景山进行了大规模的改建、扩建。乾隆十六年在景山顶上增建五座亭子，中间主体亭称万春亭，其东西两侧对称分别为观妙亭和辑芳亭。此两亭之东西又各为周赏亭和富览亭。

万春亭位于山的最高处，高17.4米，平面呈四方形，各五开间，共36根柱子，建筑周边长17.1米，面积293.4平方米，三重檐，四角攒尖顶，黄色琉璃瓦，气势高大雄伟，造型端庄华美，反映了皇家的威严。登亭可一览北京古城风貌。

五座亭子内原各供铜胎佛一座，其中万春亭内供毗卢遮那佛。1900年，八国联军入侵北京后，其他4尊佛均被劫走，唯此佛像保留。

万春亭自清代以来经多次维修，中华民国二十四年（1935）故宫博物院曾委托中国营造学社请梁思成、刘敦桢负责设计修理。1938年凌晨遭雷击，损毁严重后重修。中华人民共和国成立后，多次修葺。1958年已安装避雷装置。

西安沉香亭

在遗址上修建的园林建筑。位于陕西省西安市兴庆宫内龙池东北部。

唐玄宗李隆基开元二年（714），玄宗改旧宅为"兴庆宫"，宫的南门称"通阳门"，在轴线终端为龙堂，龙堂后即为很大的龙池，龙池东北建有以沉香木构筑的沉香亭，周围花树掩映，这是较为特殊的南苑北宫的布局。

经过历史风云，兴庆宫早已不复存在。1958年，在原遗址上修建了占地52公顷的兴庆宫公园。按历史记载图籍，在园的南半部的中部为龙池，环绕龙池建有沉香亭、龙堂、长庆轩、花萼相辉楼等。沉香亭是一座端庄华美的四方形木结构建筑，重檐攒尖顶，绿柱红瓦。亭内部的室内空间装有雕饰的门窗，外有围栏五开间，亭置于高起的石砌平台上。

当年的沉香亭是李隆基与杨贵妃游乐赏牡丹花的地方。据传说，开元（713～741）年间的一个春天，李隆基带着杨贵妃在梨园弟子的侍奉下，来沉香亭赏牡丹花，把号称"诗仙"的李白诏进宫内，要其作曲词《清平调》，李白先喝得酩酊大醉，居然让皇上亲自送醒酒汤，还趁势作弄大宦官高力士，让其为他脱鞋，然后择笔写下新诗三章，于是乐师李龟年歌咏，梨园弟子伴奏，连杨贵妃也拿起七宝杯，斟满西域葡萄酒，向李白敬酒。沉香亭畔响起了李白的诗章："云想衣裳花想容，春风拂槛露华浓。若非群玉山头见，会向瑶台月下逢。"第三章点出了吟诗的地点沉香亭："名花倾国两相欢。长得君王带笑看，解释春风无限恨，沉香亭北倚栏杆。"沉香亭——这座唐玄宗和杨贵妃赏花的亭子随着李白的诗章流传，更是声名远播。

南安府衙牡丹亭

坐落在中国江西省大余县牡丹亭公园内的园林建筑。

牡丹亭公园位于庾岭之麓，章江之滨，三面环江，一面依山，林木葱翠，园林古朴，蔚为大观。而牡丹亭即为公园十景之最，因明代大戏曲家汤显祖代表作临川四梦之《牡丹亭》而名噪天下。牡丹亭是全国著名的亭榭之一，在中国文学史上也占有一席之地。

牡丹亭

牡丹亭始建年代失考。明万历十九年（1591），汤显祖曾游古南安（即今之大余）府衙后花园，并源此创作出一曲《牡丹亭》（全称《牡丹亭还魂记》）而扬名。牡丹亭历经沧桑，几经兴废。清咸丰八年

（1858），因太平天国运动而废。同治元年（1862）知府周汝筠重建，此后多有修葺。1930 年再次毁于战火。1987 年"南安府衙后花园"移址至东山公园重建，并改名为牡丹亭公园。1995 年牡丹亭于公园中重建，仍依旧例，但规模略有扩大。

古南安府衙后花园为西江衙署园林之冠，园内"台池掩映，树木离奇"，高檐玉壁，美轮美奂。牡丹亭位于园内东北角，清光绪（1875～1908）时，其旁边有丽娘墓、梳妆楼、绿荫亭等建筑。其中绿荫亭与牡丹亭相互映衬，前者以绿著称，后者以花艳名。

中华民国时，牡丹亭基址为正八角形，亭高两丈有余，占地 20 平方米。饰葫芦宝顶，盖绿色琉璃瓦，八角重檐，上小下大。重檐之间镶亚字形花格窗棂，檐角飞挑，与绿荫亭之檐牙相互呼应。红色亭柱，内外各八根，外八柱以卍字纹栏杆相连，内外柱之间有隔扇，隔扇上亦为亚字形花格窗。四面设门，正门悬"牡丹亭"匾，旁有联曰："辟径又栽花，想见瑶台月下；新亭仍旧址，非关玉茗风流。"亭外有竹篱，篱下植牡丹，花枝迎客；篱外林木葱郁，古树参天。《牡丹亭》传奇之意境即取此。1995 年重建后的牡丹亭，亭基高两米，用花岗岩石垒砌，工艺严谨精美，亭身高约 8.2 米。其结构形式如旧，细节处稍有不同。

大余自古有文乡诗国之称，以"一门四进士，叔侄两宰相"而享誉江南。苏东坡赞曰："大江东去几千里，庾岭南来第一州。"张九龄、周敦颐、朱熹、王阳明等古代名士都曾在此游历流连，留下大量不朽诗文，而其中的佼佼者即为汤显祖的《牡丹亭》。当代著名戏剧家田汉赞牡丹亭曰"晶莹应不让金沙"（金沙指钨矿，大余为钨矿之乡）。曲以亭名，亭随曲传，牡丹亭也与杜丽娘、柳梦梅的生死之恋传奇情缘故事流芳千古。

九江烟水亭

独具特色的中国传统亭榭之一。坐落于中国江西省九江市甘棠湖中，相传此处原为三国名将周瑜点将台的故址。

◆ 简史

烟水亭的前身为唐代诗人白居易所建的"浸月亭"。亭在湖中圆形的小岛上，因其诗"别时茫茫江浸月"之义而得名。北宋著名理学家周敦颐来九江讲学时，于湖堤另建一亭，取"山头水色薄笼烟"

烟水亭

之义，名烟水亭。另有一说此亭为周敦颐长子周寿所建。至明嘉靖年间，两亭皆废。明万历二十一年（1593），九江关督黄腾春于浸月亭故址重建，并取名烟水亭，后几经修缮增建，渐具规模。清咸丰三年（1853）又毁于战火。清同治七年（1868），僧人古怀募捐重建，后经增建，至光绪年间已具今之规模。中华人民共和国成立后多次修葺，并建九曲桥通往湖岸。

◆ 园林建筑

烟水亭位于甘棠湖北隅一圆月形的小岛上，湖水碧波粼粼，翠柳笼烟；远眺庐山，青黛逶迤，云雾轻罩。观此景知先人借景命名之巧，得一番"上有峥嵘倚空之翠壁，下有潺湲漱玉之飞泉"的意境。烟水亭原为单亭，后发展成由亭、阁、轩、楼等组成的建筑群。整个建筑采用均衡对称的庭院布局方式，五贤阁居中，是园内唯一的重檐建筑，其为纪念

烟水亭建筑群

田园诗人陶渊明、江州刺史李渤、江州司马白居易和理学大家周敦颐、王阳明而建。烟水亭居前，砖木结构，粉墙黛瓦；正中为周瑜塑像，携书佩剑，再现儒将风采。顺阶而下，前为白色石栏杆围成的拜台，相传周瑜就是在此点将挥师，联蜀抗魏，大败曹军于赤壁。其余建筑，如水阁、东厅、西厅、亦亭等，环绕四周，若众星望月。园内花木扶疏，置石典雅，悦目娱心。

◆ 地位及影响

烟水亭以清雅不为尘浊的特质，跻身江州十景之一。其身为喧嚣城中的一方净土，是历代迁客骚人宴游之地，也是前贤清廉爱民的德政体现。今为九江市文物陈列室，并有五贤等名人的诗文匾额及文物，文由景出，观景读文，雅趣横生。纯阳殿旁边的"寿"字碑，相传为八仙之一的吕洞宾任浔阳县令时所书，字体苍劲，一笔九转，似寿似丹，亦寿

亦丹，寓九炼成丹，延年益寿之意。亭前石级两侧有藏剑匣一对，收藏
庐山双剑峰以镇兵灾匪祸。烟水亭为诗文、匾额、炼丹、堪舆等文化研
究留下了宝贵的资料。

九江琵琶亭

中国四座名亭之一。位于江西省九江市九江大桥南岸东侧。

2004 年，国家邮政局发行中国四座名亭（琵琶亭、爱晚亭、兰亭、
醉翁亭）特种邮票，琵琶亭为其中之一。亭位于九江大桥南岸东侧，面
临长江，背倚琵琶湖。

琵琶亭始建于唐代，原在九江城西长江之滨，即白居易送客处。唐
宪宗元和十年（815），白居易由长安贬任江州（今九江市）司马，抑
郁不得志。翌年秋傍晚，
送客于浔阳江，忽然在江
船上听到另一船上有人弹
奏琵琶。移船邀相见，听
其琴声隐含忧思，似乎诉
说着平生不得志，又听她
诉说身世，令人悲凄，联
想到自身遭际，"同是天
涯沦落人"，触景生情，
写下了一首脍炙人口的叙
事抒情长诗《琵琶行》。

九江琵琶亭

白居易离开江州后，当地人怀念白居易，在江边建了这座"琵琶亭"。同时代的诗人元稹（779～831）《琵琶亭》诗："夜泊浔阳宿酒楼，琵琶亭畔荻花秋。云沉星没事已往，月白风清江自流。"200年后的文豪欧阳修（1007～1072）于宋仁宗景祐二年（1035）在贬夷陵（今湖北宜昌）县令途中，途经九江时，慕名登琵琶亭凭吊，相似的际遇，令他唏嘘不已，写下了"乐天曾谪此江边，已叹天涯涕泫然。今日始知予罪大，夷陵此去更三千"的诗句。

琵琶亭自建成后，屡废屡建，多次移址。明万历（1573～1620）年间，江西兵巡道葛寅亮将其移址重建于城东老鹳塘，不久废毁；清雍正兵巡道刘均又将其复建于长江边溢浦口故址；乾隆（1736～1795）年间九江关督唐英重修琵琶亭，扩建楼堂，增塑白居易像，增挂"乐天送客处""大江东去""到此忘机"等匾额，其时，琵琶亭已成建筑群。清咸丰三年（1853），因一场兵火，琵琶亭遭受毁灭，荡然无存。清末有人在遗址上别建"宣化宫"，将"古琵琶亭"石匾嵌于庙门上。"文化大革命"期间遭捣毁。

1988年，九江市人民政府在长江大桥东岸另择新址重建琵琶亭。琵琶亭坐落在7米高的花岗岩台基上，亭高20米，六角双层重檐匾额"琵琶亭"三字为刘海粟题写。亭台气势宏丽，亭前大门照壁上有毛泽东手书墨迹《琵琶行》616字大理石碑刻，大气磅礴。琵琶亭前矗立着汉白玉白居易塑像。琵琶亭不仅是一座亭，更是以亭为主的一座园林庭院。内有碑廊等建筑，碑廊上镶嵌着历代诗人题咏琵琶亭诗赋共56块碑刻。这是一处蕴藉着悠远历史和内涵的文化景点。

拙政园梧竹幽居亭

苏州园林诸多名亭中妙趣横生的亭子。位于江苏省苏州市拙政园中部水池的东端。

拙政园梧竹幽居亭是从现拙政园东园进入中部园区的第一座建筑。此亭的建筑构思十分巧妙别致,亭平面为方形,外围有 12 根廊柱,内为 4 堵白墙,红柱白墙,对比鲜明。亭每边长 5.36 米,檐高 2.75 米,攒尖顶,嫩戗发戗飞翘,形凤凰展翅之势。每个墙面各开了圆洞门,巧妙之处还在于 4 个圆洞门可形成洞环洞、洞套洞,在不同的角度可看到重叠交错的分圈、连圈、套圈的景观。4 个圆洞门形成 4 幅不同的画面。东面可见半廊的漏窗花影。西面与通过荷花翠柳与水池西端的"荷风四面亭"互为对景,走出洞门,透过远香堂、倚玉轩,还可遥见市内的北寺塔,成为教科书式的借景范例。北面可见蜿蜒的水廊,与栽植的梧桐和慈孝竹为亭名点题,菜花楼、绿绮亭收入眼中。南面可见倚香桥、海棠春坞侧影,玲珑馆掩映于花树中。因此,此亭设计巧妙,景观层次极为深邃而令人目不暇接。

亭的取名也别有深意。梧与竹都是中国传统园林植物,至清至幽之物。古人认为"凤凰非梧桐不栖,非竹实不食"。以梧竹并植并茂,意在招引凤凰,中国人历来认为凤凰为"灵鸟,仁瑞也"。梧竹幽居亭不仅型式独特,且亭名立意隽永。"梧竹幽居"匾额为明代文学大家文徵明题字。对联"爽借清风明借月,动观流水静观山"为清末书法家赵之谦撰书。

北京陶然亭

北京陶然亭

清代改建的敞轩。位于北京市南二环路陶然桥西北侧的陶然亭公园内。

清康熙三十三年（1694），工部郎中江藻奉命监理黑窑厂烧制砖瓦时，在当地的慈悲庵西侧构筑了一座小亭。翌年，在他升迁后，把小亭改建成一座敞轩。江藻，湖北汉阳人，康熙（1662～1722）年间做过工部的官员，曾监修过紫禁城中的太和殿，并著有《太和殿纪事》一书，既懂建筑，又长诗文，此亭初称"江亭"。江藻把它建在慈悲庵西侧，是因为他在《陶然吟》中称"西面有陂池，多水草，极望清幽，无一点尘埃气，恍置身于山溪沼沚间"。亭建成后，他常约友人来此游玩，故取白居易诗句"更待菊黄家酝熟，与君一醉一陶然"之意，将此亭取名"陶然"。

清《光绪顺天府志》中记载，陶然亭"坐对西山，莲花亭亭，阴晴万态。亭之下，菰蒲十顷，新水浅绿。凉风拂之，坐卧皆爽，红尘中清净世界也"。

封建王朝每三年举行一次科举考试，全国举人赴京赶考，多半住在城南，陶然亭成了他们闲暇畅饮抒怀的胜地，就这样慢慢成为南北文人的必游之地。林则徐就曾是陶然亭的常客，亭上一副对联就为林则徐撰书："似闻陶令开三径，来与弥陀共一龛。"1819 年，在殿试中落第的龚自珍写下了一首题陶然亭壁的诗："楼阁参差未上灯，菰芦深处有人行。凭君且莫登高望，忽忽中原暮霭生。"五四运动前后，中国共产党的创始人李大钊、毛泽东、周恩来等曾先后来此进行革命活动。

1952年4月，在陶然亭所在地开始着手建设中华人民共和国成立后首都第一个公园，公园占地56.56公顷，其中水面16.15公顷，陶然亭就在公园湖中央岛上的陶然佳景景区。陶然亭的外观形式实为一座轩，三开间，一层，硬山顶，灰色瓦，红柱，"陶然亭"三字匾额由齐白石题字。

1985年，陶然亭公园辟华夏名亭景区，以1∶1的比例仿建了国内10多座历史名亭。有"醉翁亭""兰亭""鹅池碑亭""少陵草堂碑亭""沧浪亭""独醒亭""二泉亭"等，反映了中国精彩纷呈的亭文化。

无锡二泉亭

无锡惠山二泉上的古亭。位于江苏省无锡市西郊的锡惠公园"天下第二泉"庭院内。

唐代扬州刺史李季卿在淮扬邀请《茶经》作者、被后人尊称为"茶圣"的陆羽煮茶品水。陆羽在品评天下20种宜茶之水时，高度评价惠山泉水的水质之优："庐山康王谷水第一，无锡惠山石泉第二，……"这是"天下第二泉"的缘起。唐代宗大历十二年（777），无锡县令敬澄，于惠山寺南侧的白石坞开凿疏浚了惠山泉，并砌筑泉池。其时管辖无锡县（今无锡市）的常州刺史、文学家独孤及撰《惠山寺新泉记》称："濯其源，饮其泉，使贪者让，躁者静，惰者勤道，道者坚固，境净故也。"

对泉的评价从生理到心理、精神层面做了极高的赞誉。唐代文学家李绅对惠山泉也情有独钟，他写了首《别泉台》诗："惠山书堂前，松竹之下，有泉甘爽，乃人间灵液，清鉴肌骨，漱开神虑，茶得此水，皆尽芳味也。"唐武宗时宰相李德裕更是千里迢迢通过驿站，从无锡运二泉水至长安供品饮，世称水供。因此尽管被李商隐誉为"万古良相"，亦遭到诗人皮日休的讽刺，与杨贵妃嗜吃岭南荔枝相提并论："丞相常思煮茗时，郡侯催发只嫌迟。吴关去国三千里，莫笑杨妃爱荔枝。"

无锡二泉亭

宋代文人梅尧臣、王禹偁、苏轼、秦观、蔡襄、黄庭坚、杨万里等都先后去二泉煮茶品泉，苏轼于熙宁六年（1073）所写《惠山钱道人烹小龙团登绝顶望太湖》诗："独携天上小团月，来试人间第二泉。"

宋徽宗赵佶于政和二年（1112）用二泉水烹新贡太平嘉瑞斗茶，两年后，下旨将二泉水列为贡品。清帝乾隆（1736～1795年在位）巡游江南至惠山煮茶品泉时作长诗，其中写道："惠山九泉天下闻，陆羽品后伯仲分。"

二泉水水系包括上、中、下三池，上、中池位于泉亭内。上池圆形，深1.94米，池上有八角形石栏，其边长各0.8米。中池方形，深约1米，其上石栏每边长1.4米。上池和中池间距0.65米，池的上方凿水口相通，两池呈天圆地方之相。由于上池水较清，下池水较浑浊，故有"天圆地方，天清地浊"之说。现池边石栏系明代遗物。

二泉亭始建年代不详，唐代时称梁源亭，以后屡有兴废，据南宋绍兴十一年（1141）孙覿《惠山陆子泉亭记》载："泉旧有亭覆上，岁久腐败。又斥其赢，彻而大之，广深袤丈，廓焉四达，遂与泉称。"明正德十三年（1518）江南才子文徵明与友人茶会于二泉，作《惠山茶会图》，图中绘有二泉亭，该画现藏于故宫博物院，1997年被印成茶文化邮票发行。现二泉亭为清末重建，三面敞空，后墙壁嵌元末书画家赵孟頫题写的"天下第二泉"石匾。该匾原为木制，于明代流失，清代在镇江丹徒县（今丹徒区）某氏家中发现，嘉庆八年（1803），摹刻于石，重置在泉亭中。二泉亭造型轻盈古朴，歇山顶，灰瓦红柱。由泉亭和漪澜堂、下池、陆子祠、观音石组成的庭院，以名泉为核心，因泉构园，以水成景，依山起伏，形成精致的园林。其中，下池开凿于北宋明道（1032～1033）年间，横6.5米，纵5.7米，水深0.33米。民间称，每当农历七月半晚上九点到十一点，一轮皓月倒映在下池波光粼粼的清泉里，形成"二泉映月"的美景。南宋诗人杨万里有"山上泉中一轮月"的诗句。无锡民间音乐家华彦钧（瞎子阿炳）创作的"二泉映月"二胡曲，优美的旋律如诉如泣，打动了千百万人的心弦，使人们更加向慕二泉。

日月亭

中国青海省日月山上日亭和月亭的合称。

位于青海省西宁市湟源县和海南藏族自治州共和县交界处的日月山上。日月山口有日山和月山两个山峰，青藏公路从中穿越。1950 年 10

月 1 日在日月山树立了青藏公路修路纪念碑。20 世纪 80 年代中期修建日、月两亭，日山上的为日亭，月山上的

远眺日月亭

为月亭。两亭呈八角形，既有汉族建筑风格，又兼收并蓄了藏族的建筑特色。日亭内有青海省人民政府撰文刻制的文成公主进藏纪念碑，用汉藏两种文字记述了文成公主和亲始末及历史功绩，亭内还绘有壁画，再现了文成公主进藏的历史面貌；月亭有建于唐开元二十一年（733）的唐蕃赤岭分界碑和文成公主进藏时期西藏纺织、酿酒、音乐、舞蹈、天文、地理以及佛教等传播情况，促进西藏文化艺术与生产成就等方面的壁画。

景真八角亭

中国古代佛教建筑。位于云南省西双版纳傣族自治州勐海县景真寨。佛寺始建于傣历 1063 年，即清康熙四十年（1701）。八角亭是寺内的一座附属建筑——布苏,为当地佛寺僧侣集中开会和诵经的场所。1988年,被国务院公布为全国重点文物保护单位。

亭面南,通高 15.42 米,由亭身、屋面和刹顶三部分组成,砖木结构。基座高 2.5 米,平面呈折角"亞"字形砖砌须弥座,直径 8.6 米。亭身高 5 米,四面立砖柱 16 根,用砖墙连接,四孔开门,南门下设台阶。墙内外抹浅红色泥皮,上嵌各式玻璃及用金银粉装饰的各种花卉、动物、人物等图案,光彩夺目。亭身上承圆形木结构屋檐,攒尖顶高 7.85 米,全木结构,外铺傣式平瓦,由上而下组成八角十一层连续的硬山式屋脊,构成造型独特的外形,十分秀丽美观。其内部木结构是:在井字布局的大梁上立四柱斜交于屋顶处,由此四柱及梁架逐层内收,两柱之间再搭斜梁立另四组屋顶。刹部通高 4 米,由一与塔刹相似的串字形刹杆和一直径 1.9 米的宝盖组成。景真八角亭的"亞"字形平面与屋顶结构和造型,受到了缅甸小乘佛教建筑的一定影响,也是中国傣族特有的佛教建筑实例之一。

景真八角亭自始建至今,经 7 次以上大的维修。"文化大革命"期间寺毁,亭残,1978 年国家拨款维修。

何园水上戏亭

中国清代园林宅院剧场演出场所。

江苏何园水上戏亭位于江苏省扬州市徐凝门街何园西园内。始建于清光绪(1875~1908)年间。戏亭平面呈方形,四角攒尖顶,四面观。戏台 4.75 米见方,周围有木栏杆,高 0.95 米。台基高 0.58 米,6.44 米见方，周围有石栏杆。戏台建于水面之上，高出水面1.2米，阑额、由额相距较远，中间装花格，由额下为骑马雕花雀替，木板天花。不施斗拱，四角柱上部立斜撑与檐枋相交。亭四周环水，左右小石板桥曲折通岸。院东、南、北三面为二层回廊，作为观剧的看台；西面为假山，正北为蝴蝶厅，三间，亦称宴厅，上层为回廊。二层复道回廊长1500米，贯通全园，戏台四周的回廊为其一部分，长400米。戏台不设后台，主要作为清唱之用。借助水面和建筑的回音，大大增加了

江苏何园水上戏亭

演出的音响效果。扬州何园始建于清同治元年（1862），因园主人姓何而得名。又称"寄啸山庄"。1988年被确定为全国重点文物保护单位。

第2章

台

台的历史与功能

◆ 沿革

中国建台的历史非常久远，唐人徐坚（660～729，卒赠一品太子少保）所辑《初学记》卷二十四有专门论"台"的文字，列举了唐以前许多古代的台：

按《山海经》有轩辕台，位于河北省张家口市涿鹿县城东南乔山上。《山海经·大荒西经》记载："大荒内有轩辕台，射者不敢西向，畏轩辕故也。"此外，还有帝尧台，位于山东省青岛市浮山县东海拔1037米的尧山之巅。《海内北经》记载："帝尧台、帝喾台、帝丹朱台、帝舜台，各二台，台四方，在昆仑东北。"

其后夏有台、钓台。正史记载最早的台是夏启祭祀诸神的台。《左传》"夏启有钓台之享"。

启有鹿台、南章台（鹿台异名）。鹿台位于河南省鹤壁市淇县城西十五里太行山麓，殷纣王所建。

周有灵台、重璧台。灵台位于陕西省西安市长安区丰镐遗址。《大雅》中记载："经始灵台，经之营之，庶民攻之，不日成之。"《穆天子传》卷六中有关于重璧台的记载："天子乃为之台，是曰重璧之台。"郭璞注"言台状台垒璧"。

秦有章台、凤凰台、望海台、琅琊台。章台，即章华台，位于湖北省潜江市，始建于楚灵王时。凤凰台位于陕西省咸阳市，秦穆公之女弄玉吹箫，引凤于此。望海台位于山东省威海市文登区东北，传为秦始皇垒台造此望海。琅琊台位于山东省青岛市黄岛区，相传为秦方士徐福东渡日本启航地，秦始皇三次登琅琊。

汉有柏梁台、渐台、神明台、八风台、思子台。柏梁台位于陕西省西安市长安区汉长安建章宫北柏梁村，建于汉武帝元鼎二年（前115）。汉武帝作建章宫，太液池中有渐台，高二十余丈，台址在水中，故名。王莽在渐台被杀。神明台位于陕西省西安市未央区汉长城遗址内。《三辅黄图·建章宫》记载："神明台在建章宫中，祀仙人处，上铜仙舒掌捧铜承云表之露。"八风台为王莽所建。《汉书·郊祀志下》记载："莽篡位二年，兴神仙事，以方士苏乐言，起八风台於宫中。"思子台为汉武帝所作，意归来望思之台。

后汉有云台。汉光武帝刘秀麾下有二十八员大将，助其一统天下，明帝永平三年（60），在洛阳南宫建云台阁画像纪念28位名将。

魏有铜雀台、金虎台、冰井台、金台、冰井台、凌云台、南巡台、九华台。三国时曹操击败袁绍后营业邺都（今河北省邯郸市临漳县城西南），修建铜雀、金虎、冰井三台，即史书中邺三台。金台、冰井台、凌云台三台位于河南省洛阳市。凌云台建于魏文帝（曹丕）黄初二年（221）。《洛阳珈蓝记·瑶光寺》记载："千秋门内御道北有西游园，园中有凌云台，即是魏文帝所筑者。"南巡台位于山西省大同市灵丘县城东南太行峡谷中，古时为太行八陉之一的蒲阴陉，原有御射台。《三国志·魏书·文帝纪》记载："黄初七年（226）三月，筑九华台。"《水经·谷水注》记载："其水东注天渊池。池中有魏文帝九华台，殿基悉是洛中故碑累之，今造钓台于其上。"

吴有钓台。三国时，吴黄武元年（222），魏文帝曹丕封孙权为吴王，初时武昌为都城，后迁都建邺（今江苏南京）。265年，末帝孙皓回迁武昌。其间有吴王钓鱼台。

晋有崇天台、织室台。

以上列举了自先秦至晋代28座台，历史上有名的古台不下100座，可查据《四库全书》卷三百四十九居处部十。说明"台"是中国传统建筑的一个重要类型，特别是唐代以前，可以说是宫城、宫苑内最令人瞩目的高大建筑。对于宫苑而言，甚至可以说无台不成苑。

◆ **功能**

随着历史发展，台的功能越来越多，在文化上的蕴含也更为丰富。用于观天文气象的观象台（北京）、观星台（元代全国有27座）、测影台（周代已有测日影的圭）；用于军事的长城司马台、烽火台、点将台（韩信在江苏淮安、河北；诸葛亮在四川夹江县；周瑜在江西九江；岳飞在江西新干；努尔哈赤在辽宁沈阳等）；用于读书的江苏虞山昭明太子读书台、江苏溧水蔡伯喈读书台、湖北武穴市"鲍照读书台"、四川遂宁陈子昂读书台、广东清远韩愈读书台、江西庐山南唐太子读书台等；表现文人气质的琴台、抚琴台，如汉阳龟山俞伯牙古琴台、成都诸葛亮抚琴台、四川阿坝藏族羌族自治州薛涛抚琴台；至于歌、戏台等则更多，如颐和园大戏台、江南水乡各种社戏台、宗祠戏台等。

道教始祖老子李聃传教处在终南山麓的楼观台；晋代道教炼丹者葛洪的抱朴庐在西湖北山的初阳台；北京的戒台寺是佛教圣地；承德外八庙中的普陀宗乘之庙，有"小布达拉宫"之誉，该寺主体建筑称大红台。

◆ 自然形成的台

台除了人工建筑外，还有许多是大自然鬼斧神工而形成的，如富有深沉情感的望夫台、望乡台等。各地的钓鱼台也是自然形成的，如姜子牙钓鱼台、屈原钓鱼台、韩侯钓鱼台、萧统钓鱼台、陈白沙钓鱼台、严子陵钓鱼台等。此外还有宁波奉化妙高台、武夷山妙高台、镇江金山妙高台、南昌翠岩禅寺妙高台。南京雨花台、张家界点将台、赣州郁孤台、泉州一啸台、福州平远台、甘肃武威皇娘娘台也是天然山岩。陕西省西安市南边的终南山有南五台等，最为壮观的五台山，五峰耸峙、山高顶平，如垒土之台。

西安南五台五峰之一的灵应台

鹿　台

中国最早的一种园林建筑类型。位于河南省淇县城西十五里的太行山东麓，濒临淇水。占地面积约 10 万平方米。

鹿台和沙丘苑台同建于公元前 11 世纪的商纣王时代。鹿台原来是一个大的土堆遗址，饱经岁月沧桑。遗址被分割成 6 块台地，称陆（六）台、六鹿台。六鹿台中的 4 座在 20 世纪 "农业学大寨" 中被破坏，其中 2、6 号被夷为平地，3 号台仅存 667 平方米，4 号台幸存 2668 平方米，1、5 号台地保存尚好。遗址中出土了大量石斧、石镞、石镰、彩陶、鼎足、鬲腿，以及铜镜、铁钺等不同文化层的文物。鹿台于 2000 年被列为河南省重点文物保护单位。

殷纣王建鹿台，一是积藏财富，"厚赋税以实鹿台之钱"；二则取好王妃妲己，供其游猎、赏心，奢侈靡乐。开始命姜尚监工，姜尚不从，改由崇侯虎监工。据西汉刘向《新序·刺奢》载，建鹿

鹿台遗址

台 "七年而成，其大三里，高千尺，临望云雨"。"高千尺" 是夸张之词，说明其规模宏大，不只是一座建筑。周武王伐纣，战于牧野（今河南新乡），商兵大败，纣王逃至都城商邑（今河南淇县），自焚于鹿台。周武王夺取商都后，"散鹿台之财，发矩桥之粟，以振贫弱萌隶"，抚慰了受纣王虐待的民众。

2015 年，河南省鹤壁市在鹿台遗址处建造占地 25.3 万平方米的朝歌文化公园，并采用仿商代 "四阿重檐、茅茨土阶、泥墙木骨" 的高台建筑形式，建造了高 38 米共五层的鹿台阁，建筑面积 2 万平方米，成为群众性、开放性的公共文化旅游场所。

沙丘苑台

中国,最早的一种园林建筑类型。位于河北省邢台市广宗县大平台村南。

与鹿台同建于公元前 11 世纪的商纣王时代,现遗址尚存,有一长150 米、宽 70 米的沙丘。被列为河北省重点文物保护单位。

商代自盘庚传至末代帝辛(纣王)。纣王荒淫无度,奢侈靡乐,大兴土木,营建规模庞大的苑台,沙丘苑台和鹿台同为其营建的苑囿。《史记·殷本纪》:"厚赋敛以实鹿台之钱,而盈钜桥之粟,益收狗马奇物,充仞宫室,益广沙丘苑台,多取野兽飞鸟置其中。"汉董仲舒《春秋繁露·王道》亦载:"桀纣皆圣王之后,骄溢妄行。侈宫室,广苑囿。"此说明,沙丘苑台不仅是单体建筑的"台",而是一处以台为主,既有植物又有各种动物,供纣王玩乐、通神、望天等活动的苑囿场所。《史记·殷本纪》:"大聚乐戏于沙丘,以酒为池,县(悬)肉为林,男女裸相逐其间,宫中九市,为长夜之饮。"这是"酒池肉林"成语的出典,也是周文王建灵台、灵沼、灵囿的前奏。

在沙丘苑台曾发生过一些历史事件。沙丘是战国时赵国属地,建有离宫。这里曾发生赵国君主父子兄弟相杀事件,父王赵武灵王曾被囚困饿死宫中,太子赵章被其弟赵文灵王所杀。秦始皇于公元前210年第五次出巡,于当年 7 月返回途中发病,客死于沙丘宫。三个时期帝皇的故事,使沙丘成为古人所称的"困龙之地"。以后,沙丘苑台逐渐荒芜衰败。

姑苏台

吴王阖闾所建高台。位于江苏省苏州市城外西南隅姑苏山上。又称姑胥台。

据唐代陆广微《吴地记》载："姑苏台在吴县西南三十五里，阖闾造，经营九年始成。其台高三百丈，望见三百里外，作九曲路以登之。"宋代《吴郡记》也引用此说："阖闾十年筑，经五年始成，高三百丈，望见三百里，造曲路以登临。吴王春夏游姑苏台，秋冬游馆娃宫，兴乐华池南宫之宫，又猎于长州之苑。"《吴地记》中收录的佚文载："吴王阖闾十一年，起台于姑苏山，因山为名。西南去国三十五里，春夏游焉。后夫差复高而饰之，越伐吴，遂见焚。"据宋代《太平广记》引《述异记》载："吴王夫差筑姑苏之台，三年乃成。周旋诘曲，横亘五里。崇饰土木，殚耗人力。宫妓千人。上别立春霄宫，为长夜之饮，造千石酒钟，作天池，池中造青龙舟，舟中盛陈妓乐。日与西施为水嬉。"

后人根据史料记载画出的姑苏台

当代园林设计大师朱有玠说："春秋时期吴王阖闾以姑苏山作姑苏台，以真山水作台座以及吴王夫差创建消夏湾（在太湖洞庭西山）与馆娃宫诸离宫别苑，吴王长洲苑的湖山之美，实开后世宫苑园林之始。"

姑苏台被焚后，其遗迹让后人凭吊怀古，司马迁、李白、皮日休等都流连于此。诗仙李白《苏台览古》诗："旧苑荒台杨柳新，菱歌清唱不胜春。只今惟有西江月，曾照吴王宫里人。"同时创作的还有一首《乌栖曲》："姑苏台上乌栖时，吴王宫里醉西施。吴歌楚舞欢未毕，青山欲衔半边日。银箭金壶漏水多，起看秋月坠江波，东方渐高奈乐何！"

南宋名臣、苏州人范成大曾经这样记述姑苏台："淳熙六年（1179），与客登姑苏台，山顶平正，有坳堂藓石可列坐。相传为吴故宫闲台别馆，其前湖光接松陵，独见孤塔之尖。少北点墨一隅为昆山，其后西山竞秀，攒青丛碧，与洞庭林屋相宾。大约目力逾百里，具登高临远之胜。"清康熙（1662～1722）年间苏州巡抚宋荦写了一篇《游姑苏台记》："山高尚不敌虎丘，望之，仅一荒阜耳。舍舟，乘竹舆，缘山麓而东。……山腰小赤壁，水石迫幽，仿佛虎丘剑池。夹道稚松丛棘，薔葡点缀其间，如残雪，香气扑鼻……陟其巅，黄沙平衍，南北十余丈，阔数丈，相传即胥台故址也，颇讶不逮所闻……欲问夫差之遗迹，而山中人无能言之者，不禁三叹。"

姑苏台有2000多年的历史，但吴越春秋的故事一直深深植根于史籍和民间。姑苏台是一座抹不去的历史遗迹。

邛崃文君井琴台

以西汉古井为基础的纪念性建筑。位于四川省邛崃市临邛镇里仁街。

占地面积 0.6 公顷。

文君井是中国传统园林中罕有的以纪念爱情为主题的园林，融西蜀园林和江南园林风格于一身，属西蜀园林中的精品之作。1980 年 7 月，文君井由四川省人民政府批准公布为"四川省文物保护单位"。

◆ 沿革

该处园林始建年代待考。据《史记》载，司马相如与临邛令王吉同赴卓王孙家宴，知卓女文君新寡且好琴艺音律，故弹奏一曲《凤求凰》，用琴音传情，以诉心声，"……文君窃从户窥，心悦而好之"，此后与司马相如深夜私奔，同回成都。据《采兰杂志》等古籍记载："文君闺中有一井，文君手汲则甘香，沐浴则滑泽鲜好，它人汲之，与常井同。"此井应是卓氏宅院之井。汉唐以来，文君井已成为名胜古迹及历代文人雅士游赏题咏之处，至宋时名声已盛，继而发展为纪念性园林。李商隐《寄蜀客》曰："君到临邛问酒垆，近来还有长卿无？金徽却是无情物，不许文君忆故夫。"梅尧臣《送钱驾部知邛州》曰："当垆无复旧，试似长卿求。"说明唐时就有游客不远千里专程赴邛州（今邛崃市）寻幽访胜，登临古井。南宋诗人陆游有诗咏："落魄西州泥酒杯，酒酣几度上琴台，青鞋自笑无羁束，又向文君井畔来。"文君井的扩建，主要发生在明清时期。明时，在池中挖掘得二瓮，建亭而储之，名瓮亭。后历有维修。《大明一统志》记载："文君井即卓文君当垆，司马相如涤器处。"清初，文君井荒凉破败，园林面积大大缩小。乾隆三十三年（1768）知州杨潮观对文君井园林进行维修，建吟风阁，聚集艺人在此演出杂剧，盛极一时。此后，园林在清末战争中一度荒废。清光绪二十七年（1901）

在原有的基础上修葺扩建。其园小巧别致，池榭宜人，翠竹芊芊，绿柳依依，具有西蜀园林风韵。1957年文君井南侧新建六角亭，起名为"绿绮"，并在文君井北建影壁一座，上方楷书"文君井"3个大字，影壁北面刻有郭沫若诗《题文君井》。

◆ **特色**

文君井园林是在汉代遗迹古井基础上，经历代修建楼阁、广植花木和挖池堆山而建成的纪念性园林，兼具西蜀园林与江南园林风格。有几个突出特点：造园者凿池堆山，植树建亭，使方寸之地，游无倦意。采用江南私园的布局方式，将纪念性与实用功能、名人纪念与爱情纪念巧妙融合，形成一个既古雅又浪漫、既可游憩又能凭吊的纪念空间。虽未保留汉代遗园的格局，但却处处透着汉代风情。将全园分为南院、北园进行乐章结构式的布局。北园是以曲池为中心的自然山水园，南院主要是以建筑为主体的四合院。北园疏朗，南院稠密，有"宽可走马，密不透风"的章法之意。园内广植梧桐，寄托着后人美好的愿望，也烘托了园林的主题，是文君井园林内的一大特色。

文君井琴台

◆ **布局**

园内有为纪念相如文君的爱情史事而建的纪念性建筑——琴台，与文君古井具有同样重要的价值和地位，是主题性的标志景观。琴台在文君古井西北，隔荷池相望，古朴典雅，颇具汉风蜀韵。琴台坐北朝南，三面环水，面向荷池的纵深方向，与凌云亭（山亭）、问津亭、漾虚楼（船舫）、仁风亭等互为对景；园之北、东靠墙，滨水地带还有游廊相连，可从琴台开始，到达当垆亭。其上部主体为方形平面的木构敞榭，下部基座前有突入荷池的石砌方形平台。主体敞榭为全木结构，四面开敞，柱楹空灵。屋顶为单檐歇山顶，小青瓦屋面，川西传统灰塑屋脊。屋面举折舒坦，翼角起翘自然。整座建筑高宽比例匀称，尺度亲切宜人，色彩明快素雅，意象恬淡幽深，很好地融入园林环境。敞榭南面檐下有匾额《琴台》，柱楹悬有一联："井上疏风竹有韵，台前月古琴无弦。"琴台前拥荷池波光点点，后接游廊蜿蜒连绵，左右环绕翠竹嘉树，恍觉琴声悠扬，洋溢着诗情画意。体现了中国传统园林"以景抒情，情景交融"的艺术境界。

桐庐严子陵钓台

东汉隐士严光在富春山的隐居垂钓处。位于浙江省杭州市桐庐县西15千米处桐江七里泷西岸的富春山上。

◆ 沿革

严光，字子陵，会稽余姚（今浙江余姚市）人。年轻时曾与汉光武帝刘秀（公元25～57年在位）为同学，亦为好友。建武元年（公元25），刘秀即位后，他便改名隐居于桐庐富春山。刘秀思贤念旧，就下令按照严光的形貌在全国各地查访，访得后，光武帝接他到京师洛阳。

据《后汉书·严光传》，刘秀请严光到宫里去，彻夜长谈过往旧事，是夜，光武帝提出同榻而眠，严光睡熟后把脚压在刘秀肚子上。第二天，太史奏告，有客星冲犯帝座，刘秀笑着说："我的老朋友严子陵与我睡在一起的缘故。"后刘秀授严光为谏议大夫，严光不肯接受，回到富春山隐居，披羊裘钓泽中，以耕钓为生。严光是儒学名士，但前半生云游四方，踪影不定，后半生隐居不仕，把自己的文稿销毁了。据宋代《严氏宗谱》，留有《子陵公省身十则》和《子陵公遗训》。

◆ 布局

钓台位于富春山腰 100 余米处，有两块突出的巨石东西对峙，险峻奇绝，俯瞰大江，称东台和西台。东台传为严子陵垂钓处，是一块大石坪，可坐数十人。唐代诗人孟浩然赋诗"钓矶平可坐，观其恨来晚"。

桐庐严子陵钓台

东台现有石亭一座，为南宋淳祐（1241～1252）年间知府赵汝历建。明正统元年（1436）重建。清乾隆十九年（1754）改建。中华民国四年（1915）重修，1960 年被毁，1981 年再次重建，由书法家沙孟海题额"七里滩光"。石柱楹联："登钓台而望，神怡心旷；想先生之风，山高水长。"

西台与东台相望，相距 100 多米，中隔深壑。西台为宋末爱国诗人谢翱（字皋羽，1249～1295）哭祭文天祥处。文天祥（1236～1283）抗元失败后于 1279 年 1 月在广东潮州一带被俘，被押在船上过珠江口外伶仃洋时，写下了《过零丁洋》诗："人生自古谁无死，留取丹心照汗青"的千古名句。在大都狱中 4 年，1283 年 1 月 9 日英勇就义于元大都柴市口（今北京东城区交道口），时年 47 岁。元世祖至元二十七年（1290），谢翱与其友人登西台祭祀，写下了"登西台恸哭记"，表达了作者对民族英雄殉难的悲恸之情。全文寄意幽深，托词婉曲，泣血吞声之情，不能自掩。西台也有一亭，位于谢翱恸哭处，亦为赵汝历所建。明正统六年（1441）重建，清乾隆十九年、中华民国五年两次重建。亭前屹立着《登西台恸哭记》大石碑。

在钓台下，后人为敬仰严子陵的高风亮节，唐初便建有严陵祠，北宋景祐元年（1034），范仲淹出知睦州（今杭州淳安县），对严陵祠做了一次较大规模的重建，并撰写了千古名篇《严先生祠堂记》，此文载于《古文观止》，"云山苍苍，江水泱泱，先生之风，山高水长"，成为人们日常的歌咏之作。后祠堂屡毁屡建，据史料统计，宋代相继修建了 8 次；元代修建过 2 次；明代修建 7 次；清代亦修建 7 次；中华民国五年又有修建。1931 年，祠遭坍毁。这或许是建筑临江，空气湿度过大，木材容易变质之故。现存严先生祠堂是 1983 年仿旧祠堂重建。

钓台所处的七里泷，又称严陵濑、七里濑、严陵滩。因此段水域酷似长江三峡，故又称"富春江小三峡"。古时，这里石涛惊湍，险急异常，逆水行舟，尤其艰难。舟楫经此都要在此等候东风，东风一起，千帆竞发，艄公号子响彻峡湾，古谚云："无风七里，有风七十里。"为历史有名的严陵胜景"七里扬帆"。1968 年，在七里泷下游段建了富春江水电站，高峡出平湖，高山峡谷变成了一条平静清澈的长河，清丽奇绝。

章华台

楚灵王集全国之力，花 6 年时间修建的行宫别苑。位于湖北省潜江市龙湾镇。始建于春秋时楚灵王六年（公元前 535），毁于秦灭六国时。全国重点文物保护单位。又称章华宫。

关于章华台的遗址，有几种说法：

①潜江说。即潜江市龙湾镇遗址。从 1987 年已经考古发掘的情况分析，遗址平面呈长方形，南北宽 1000 米，东西长 2000 米。东南部发现有 10 余座宫殿遗址。其中以放鹰台为最大，长约 300 米，宽约 100 米，高约 5 米，有 4 个相连的夯土台基组成。其中 1 号台基为双层台基，下层是夯土，上层是砖坯。历史地理学家谭其骧考证后认为其即章华台遗址。龙湾遗址是中国发现的保存最为完整、时代最早的楚国离宫别院遗址群落。1997 年，国家文物局将章华台所在的龙湾遗址纳入全国大遗址保护规划范围。此外，离章华台遗址不足 5 千米处发现的黄罗岗遗址，被史学专家确认为楚国城址中第一个春秋城。城垣呈平行四边形，墙体长 1250 ～ 1335 米，总面积约 1.7 平方千米，被认为是章华宫遗址。

1999 年 12 月，全国考古专家会聚龙湾，在论坛会上，一致认为龙

章华台遗址

湾楚国宫殿基址群建筑面积之大、规格之高、建筑形式之独特、保存之完好是中国先秦建筑史上所未见的，可以定为"楚章华台公园群落"。潜江市博物馆原馆长罗仲全认为，章华台实际上是楚灵王离宫，是一座以台为主体的园林式宫殿，主体工程章华台高23米，宽35米。2000年，楚章华台遗址被列为"全国十大考古新发现"之一，并列为全国重点文物保护单位。

②荆州说。现有一座章华寺，坐落在荆州沙市东北隅，为湖北省重点文物保护单位。相传章华寺是在章华台的遗址上修建的。元泰定二年（1325）始建，清代又重修。庙宇建筑宏伟，殿堂井然有序。寺院绿树环绕，环境幽静。寺内有一株传为楚灵王时的梅花树，称"楚梅"，另有一株隋末唐初的古银杏。

③监利说。监利为古华容县地，宋沈括在《梦溪笔谈》中说："华容即今之监利，非岳州之华容也，至今有章华故台在县廓中。"明清《监利县志》记载章华台在县西北。"章台晓霁"被列为监利"容城八景"之一。据文物部门考察，监利周老嘴镇西1.5千米，有数平方千米古城遗址，但是否即是章华台遗址，无发掘实证。

④武汉说。武汉市黄陂区王家河街章华村据说是章华台遗址的一部分。

还有河南说、安徽说，但均未俱实证。

史载章华台高十丈（约33.3米），基广十五丈（50米），曲栏拾级而上，中途需休息3次才能到达顶点，故又称"三休台"；又因楚灵王特别喜欢细腰女子在宫内轻歌曼舞，不少宫女为求楚王欢喜，少食忍饿，以求细腰，所谓"楚王好细腰，宫中多饿死"。宋玉《登徒子好色赋》中那位美人是"腰如束素"。唐代杜牧有诗称"楚腰纤细掌中轻"，白居易把杨柳细腰为蛮楚之腰，有"樱桃番素口，杨柳小蛮腰"之句。因此，有人把章华台称为"细腰台"。这在先秦古籍《左传》《国语》《韩非子》中均有记载。

姜子牙钓鱼台

因 3000 多年前西周名臣姜子牙出仕之前曾垂钓于此而得名的建筑。位于陕西省宝鸡市境内的渭河南岸、秦岭北麓潘溪河上的一个葫芦形山谷中。

姜子牙（约前 1128 ～前 1016），名尚，字子牙，号飞熊。东海上（今河南许昌）人，另一说为河内（今河南卫辉）人。实际上他的字是"牙"，"子"是古代有学问的男人的尊称，如老子、庄子等。姜尚自幼博学，为人们所尊敬，故恭称他为"姜子牙"。

据史料记载，姜子牙是远古时代炎帝的后裔，炎帝是古羌人氏族部落的宗神。炎帝于阪泉（今河北省张家口市涿鹿县）战败于黄帝，八代之后其后裔"沦为奴隶，亡其氏族"（《国语·周语下》），直到舜时，姜太公的祖先执掌四岳（即尧、舜时的四方部落），后来又助大禹治水，建下奇功，禹王便将以四岳为宗神的羌族部落中的姜姓赐之，并封于吕地（今河南省南阳市东），称吕族，所以姜尚又称吕尚。

飞熊，本是商高宗武丁的国相傅说之号。傅说曾为商朝的统治做过很大贡献。到商纣王时，帝辛无道，很有才华的姜子牙无法施展才能抱负，他的大半生在穷困潦倒中度过。据《古史考》（辑本）载，他曾在商朝的国都朝歌（今河南淇县）宰过牛，在黄河边上的孟津卖过酒……做过很多微不足道的经营。因此，他自号"飞熊"，以与傅说齐名，渴望遇到商高宗那样的明君。

另据《吕氏春秋》《周志》载，当姜太公一筹莫展之时，他听说西部的周西伯姬昌礼贤下士，于是来到渭水的潘溪河（今宝鸡市陈仓区伐鱼河）上搭茅庵钓鱼。据传说，此时他已73岁。苦心垂钓10年，在他83岁头发皆白之时，求贤若渴的文王"飞熊入梦"，求访到渭滨，发现了子牙，在畅谈中，文王高兴地说："吾先君太公望子久矣！"（太公指文王父亲季历）于是，文王东载而归，拜姜太公为国师。从此，"太公望"之名得以流传，人们还把他称为"吕望""姜太公"。

姜子牙遇周王可谓老年得志，夕阳未晚。他运筹帷幄，全力助文王兴周伐纣。文王死后，周武王尊子牙为"尚父"，又封于齐，建都营丘（今山东省淄博市临淄北），成为以后齐国的缔造者。

姜子牙是中国古代一位影响深远的韬略家、军事家与政治家。历代典籍都公认他的历史地位，儒、道、法、兵、纵横诸家均追他为本家人物，被尊为"百家宗师"。

唐贞观（627～649）年间，唐太宗李世民为示慕贤之德，在当年子牙垂钓之地修建太公庙，且植四柏。庙虽屡毁屡建，但四株苍天古柏犹存。唐上元元年（760），唐肃宗又追封子牙为武成王。此后，子牙声誉日盛，朝廷和慕名者争相在钓鱼台广修庙宇，塑造太公、文王、三清诸神像，祭祀异常隆重。明、清二代，钓鱼台的各处庙宇殿阁都得到翻修增色。这些庙宇建筑造型精美，随山就势，在自然山水、翠柏芳草中呈现出别样的风采。

开封吹台

始于春秋时，因晋国盲乐师师旷曾在此吹箫弹琴而得名的古台。位于河南省开封市城区东南隅禹王台公园内。河南省文物重点保护单位。

开封吹台后改为禹王台。

师旷，字子野，山西洪洞人，春秋时乐师、道家。他生而无目，故自称盲臣、瞑臣，为晋大夫，亦称晋野，博学多才，尤精音乐，善弹琴。《淮南子·原道》篇中载："师旷之聪，合八方之调曲。"即师旷有辨别八方风声乐调的才能。据说古代有名的《阳春》《白雪》等乐曲都是师旷留下的作品。西汉文学家、目录学家刘向在《说苑》这部杂史小说集中专门有一集《师旷论学》，写师旷回答晋平公问学的故事。

战国时，魏国建都大梁（今开封），梁惠王重修吹台，后人称"在昔梁惠王，筑台聚歌吹"。公元前225年，秦攻魏，大梁陷，秦将王贲决黄河水灌城，吹台逐渐淹没。

西汉初年，汉文帝（公元前179～前157年在位）封其次子刘武于大梁，为梁孝王。刘武便在今开封城东南建造了规模宏大的梁苑，也称"兔园"。吹台亦得到再建，并改名为平台。梁苑增筑了许多亭台楼阁，有山石叠成的百灵山，山上有肤寸石、落猿台等，又开凿大面积的雁池，池中有鹤洲、岛渚等景，宫苑景区绵亘数里，成为梁孝王游乐、狩猎、垂钓的离宫禁苑。

　　至晋代，吹台被整修为2层，台左侧有周长7.5千米左右的牧泽湖，俗称蒲关泽。北魏郦道元《水经注》载："梁王增筑以为吹台，城隍夷灭，略存故址。今层台孤立于牧泽之右矣。其台方一百步许，晋世丧乱，乞活凭居，削堕故基，遂成二层。上基犹方四五十步，高一丈余。"阮籍在他的《咏怀》诗之三十一中这样写："驾言发魏都，南向望吹台。萧管有遗音，梁王安在哉？"发出了"朱宫生尘埃，身竟为土灰"的叹息。

　　唐天宝三载（744），唐代三位诗人李白、杜甫、高适慕梁苑吹台之名，来此饮酒怀古赋诗。李白在吹台上写下《侠客行》，同时还写了《梁园吟》："我浮黄云去京阙，桂席欲进波连山，天长水阔厌远涉，访古始及平台间。平台为客忧思多，对酒遂作梁园歌。"他感伤哀叹："梁王宫阙今安在，枚马先归不相待。舞影歌声散绿池，空余汴水东流海。"杜甫留下《遣怀》之诗："昔与高李辈，论文入酒垆。两公壮藻思，得我色敷腴。气酣登吹台，怀古视平芜。"高适以《古大梁行》记载了大梁之游的印象。三诗人的吹台之行，使吹台又名噪一时。安史之乱后，吹台日渐荒芜。五代后梁时，梁太祖朱温因经常在吹台上阅兵，故吹台亦称讲武台。此后至后周的30多年间，吹台又趋繁荣。后周王仁裕的《登吹台》诗有："柳阴如雾絮成堆，又引门生饮古台。"从中可见一斑。

开封吹台

　　北宋建都开封后，道

教宫观雨后春笋般兴建起来，吹台之处建起了二姑庙，奉祀麻姑和紫姑，吹台遂称"二姑台"。明成化十八年（1482）后，吹台上一度修建碧霞元君祠。嘉靖二年（1523），由于黄河经常泛滥成灾，人们企望大禹庇护，吹台上修建了禹王庙，台随庙名，吹台正式改称"禹王台"。

清代末年，河南法政学堂设于禹王台。辛亥革命时，禹王台还是河南同盟会会员秘密起义的一个据点。1955年，以禹王台为主体，扩建成占地26.5公顷的开封禹王台公园。园内有师旷祠、碧霞元君祠、水德祠、三贤祠、禹王殿、御书楼、御碑亭等景点，以及菊花园、牡丹园、月季园、樱花园、石榴园、芳春园等六大园区，风光秀丽，自然与人文和谐生辉。公园既是开封市民休憩的场所，也是开封古老历史文化的展示区。

武汉古琴台

春秋时楚国琴师俞伯牙抚琴处。位于湖北省武汉市汉阳区龟山西麓下的月湖之滨。全国重点文物保护单位。又称俞伯牙台。

相传春秋时期，楚国大臣俞伯牙极善鼓琴。一次伯牙受楚王外派，乘船沿江而下，途经汉阳，突遇狂风骤雨，停舟龟山脚下。不久雨过天晴，于是鼓琴咏志。抚琴小段弦即断，伯牙便知有人窃听，请出，此人正是樵夫钟子期。伯牙调好琴，沉思片刻，抚琴一首，志在高山。子期赞道："美哉！巍巍乎志在高山。"伯牙又抚琴一首意在流水，子期又赞到："美哉！荡荡乎意在流水。"伯牙大喜，得遇知音，拜交为挚友，约来年再会。第二年，本是伯牙会子期之时，不料子期却已不幸病故。

伯牙悲痛万分，在子期墓前鼓琴"高山流水"之曲，曲终后，伯牙失去知音，感到十分孤寂，顿感曲艺无意，便扯断琴弦，摔碎琴身，发誓今后永不操琴。

武汉古琴台

俞伯牙与钟子期结为知音的故事，千百年来在文人与民间广泛流传，"知音"一词已为中华民族优良传统和道德情操的象征。《荀子·劝学篇》及《乐府辞题》等古籍都有这故事的记载。《大宋宣和遗事》前集中有："说破兴亡多少事，高山流水有知音。""高山流水"成为得遇知音的典故。

东对龟山，北临月湖。古琴台建筑始建于北宋，重建于清嘉庆元年（1796）。现以建筑群为主体的园林占地 1 公顷，庭院、林园等布局精巧，绿荫森森。殿堂前的琴台为方形，由汉白玉筑成，约 20 平方米，誉为伯牙抚琴处。院内碑廊中有光绪十年（1884）黄彭年撰《重修汉阳琴台记》、光绪十六年，杨守敬主持并亲书《琴台之铭并序》《伯牙事考》《重修汉阳琴台记》碑石。

铜雀台

三国时代曹操于建安十五年（210）所建的宏大建筑。位于河北省邯郸市临漳县（旧称邺城）城西 18 千米处的三台村。全国重点文物保护单位。

魏晋南北朝时期邺城作为曹魏、后赵、冉魏、前燕、东魏、北齐六朝都城，居中国北方政治、经济、文化、军事中心长达4个世纪。西晋为避讳愍帝司马邺，易名"临漳"，因北临漳河而得名。

铜雀台遗址处

铜雀台遗址处是三国时邺城的旧址，古邺城前临河洛，背倚漳水，虎视中原，始建于春秋齐桓公时。建安五年，曹操击败强敌袁绍后，大兴土木建邺都，修建了铜雀、金凤、冰井三台，前为金凤台、中为铜雀台、后为冰井台，相去各60步，中间以阁道式浮桥相连接，即史书中之"邺三台"。其中铜雀台最为壮观，台高十丈，台上楼宇连阙，飞阁重檐，气势恢宏。台成之日，曹操在台上大宴群臣，命武将比武，文官作文，以助酒兴，曹氏父子与百官觥筹交错，对酒高歌，盛况空前。曹丕登台作赋称："飞阁崛其特起，层楼俨以承天。"次子曹植，才思敏捷，作《登台赋》："见天府之广开兮，观圣德之所营。建高门之嵯峨兮，浮双阙乎太清。立冲天之华观兮，连飞阁乎西城。临漳川之长流兮，望园果之滋荣。仰春风之和穆兮，听百鸟之悲鸣。"此赋将铜雀台巍峨的建筑与四周的自然环境谱写成了一首和谐的乐曲。其时，曹操还在台上接见和宴请他用重金从匈奴赎回的才女蔡文姬，蔡文姬在台上百感交集，演唱了回肠荡气、绞肠滴血的千古名曲《胡笳十八拍》。

铜雀台与"建安文学"紧密相关，其时，曹操、曹丕、曹植父子与王粲、刘桢、陈琳、徐干、蔡文姬等经常聚集于铜雀台，叙文赋诗，掀起了文学创作史上的一个高潮，由于其时正值汉献帝建安年代，故史上称其为"建安文学"。当时的文学活动促进了文学的繁荣，在创作风格上一改东汉以来弥漫的华而不实之风，形成了具有鲜明的现实主义风格的"建安风骨"。

十六国后赵石虎时，在铜雀台原有 10 丈（约 33.3 米）高的基础上又增加 2 丈（约 6.67 米），并于其上建 5 层楼，高 15 丈（50 米），其去地 27 丈（90 米），巍峨壮丽。窗户用铜笼罩装饰，又作铜雀于楼脊顶，高 1.5 丈（5 米）。石虎又在铜雀台下挖两口井，两井之间有铁梁地道相通，叫作"命子窟"，窟中存放金银财宝。北齐天保九年（558）征发工匠 30 万，大修三台。整修后改名为金凤台，唐代又恢复了旧名。元代末，铜雀台被漳水冲毁一角。明中期，三台尚存，明末大部分被漳水冲没。铜雀台只剩下一处不足 10 米高的夯土堆。在其前方的金凤台也不足 20 米高。

铜雀台尽管已成荒烟陈迹，但它毕竟是中国古代高台建筑的顶峰。历代诗人因其历史和建筑的壮丽为铜雀台留下了许多感怀之作。其中，晚唐诗人杜牧的《赤壁》诗云："折戟沉沙铁未销，自将磨洗认前朝，东风不与周郎便，铜雀春深锁二乔。"把赤壁之战、东吴孙策与周瑜的两位妻子大乔和小乔与铜雀台联系在一起，使铜雀台更加声名远播。

第 3 章

楼阁

楼阁形式及文化

◆ 建筑形式和用途

古代楼阁有多种建筑形式和用途。城楼在战国时期即已出现。汉代城楼已高达三层。阙楼、市楼、望楼等都是汉代应用较多的楼阁形式。汉代皇帝崇信神仙方术之说，认为建造高峻楼阁可以会仙人。武帝时建造的井幹楼高达"五十丈"。佛教传入中国后，大量修建的佛塔建筑也是一种楼阁。北魏 洛阳永宁寺木塔，高"四十余丈"，百里之外可遥见。建于辽代的山西应县木塔高 67.31 米，是中国现存最高的古代木构建筑。历史上有些用于庋藏的建筑物也称为阁，但不一定是高大的建筑，如石渠阁、 天一阁等。可以登高望远的风景游览建筑往往也用楼阁为名，如黄鹤楼、 滕王阁等。

中国古代楼阁多为木结构，有多种构架形式。以方木相交叠垒成井栏形状所构成的高楼，称井幹式；将单层建筑逐层重叠而构成的整座建筑，称重屋式。唐宋以来，在层间增设平台结构层，其内檐形成暗层和楼面，其外檐挑出成为挑台，这种形式宋代称为平坐。各层上下柱之间不相通，构造交接方式较复杂。明清以来的楼阁构架，将各层木柱相续成为通长的柱材，与梁枋交搭成为整体框架，称为通柱式。此外尚有其他变异的楼阁构架形式。

◆ 历史、文化和科学价值

楼阁在中国众多古建筑类型中，兼具历史、文化和科学价值，特别在中国文学、美术史上有独特的价值。历代众多楼阁与文学艺术融合一体，许多描绘名楼的诗、词、赋、记成为千古传诵的名篇。清末诗人尚镕说的好："天下好山水，必有楼台收。山水与楼台，又须文字留。"江山风物有赖文章为助，如范仲淹的《岳阳楼记》、王勃的《滕王阁序》、崔颢的《黄鹤楼》、王之涣的《登鹳雀楼》等。古代的很多绘画也以楼阁为题材，描绘琼楼玉宇、仙人楼阁，真实反映了历史的风貌，如宋代的滕王阁图、黄鹤楼图等。《清明上河图》上的城楼、市楼，敦煌壁画、永乐宫壁画中的楼阁，都反映了中国悠久的历史和灿烂的文化。

在风景园林中，楼阁一般选址于高耸的山丘坡地或滨水开阔之地，由于其优美的造型、较大的体量、可观可登临的功能，常处核心位置成为地标性建筑。例如颐和园的佛香阁、昆明滇池边的大观楼、成都的崇丽阁、广州的镇海楼等。

◆ 类型

楼阁的类型很多，在建筑材料分有纯木结构，砖木、砖石混合结构，金属结构等，现在一般采用钢筋混凝土结构加木装饰。从造型上分有：呈长方形、正方形、圆形、十字形、六角形、八角形等，从层数上，2～5层楼不等。在功能上有城楼、钟楼、藏书楼、观景楼、祭祀楼、文化楼、文风楼等。总之，楼阁丰富的文化内涵和优美的形态为风景园林增添了华丽的光彩。

楼与阁造型相似，常混用或连用，所谓重楼叠阁。如佛寺中存放经书的建筑物有称藏经楼，也有称藏经阁的；藏书的一般称藏书楼，但藏《四库全书》的称阁，如宁波的天一阁。中国四大名楼：武汉称黄鹤楼、南昌称滕王阁、岳阳称岳阳楼、蒲州称鹳雀楼。一般的楼是两层以上的多层建筑，而阁偶有一层的，如颐和园中的铜亭宝云阁。杭州西泠印社的竹阁亦都为一层。阁通

河北承德文津阁

常为四坡顶或攒尖顶，但藏书建筑虽称为阁，如文津阁、文澜阁、天一阁等，而屋顶是两坡硬山顶。

勤政务本楼

建成于唐玄宗开元八年（720）的古建筑。位于陕西省西安市兴庆宫西南隅。与花萼相辉楼同为唐兴庆宫内最为主要的两座楼殿建筑。

◆ 沿革

据《长安志》和《唐两京城坊考》等书记载，唐兴庆宫勤政务本楼建成于唐玄宗开元八年，位于该宫西南隅。该楼建成之初，唐玄宗曾说："新作南楼（此指勤政务本楼），本欲察甿俗，采风谣，以防

拥塞，是亦古辟四门、达四聪之意。历观自古圣帝明王，有所兴作，欲以助教化也。"故拟以"勤于政事，重以农本"之意，取名"勤政务本楼"，亦称勤政楼。顾名思义，该楼当兼备兴庆宫正殿性质。翻阅有关文献，唐玄宗在此楼多次举行过元日、冬至的国家庆典，宴见周边少数民族酋长、使者和主持制举考试等与外朝、中朝正殿性质相符合的政事活动。

唐玄宗于开元十六年移居兴庆宫听政以后，在勤政务本楼举行过元日庆典活动和金鸡大赦仪式。天宝元年（742）正月初一，唐玄宗御勤政务本楼，接受群臣朝贺。礼毕大赦天下，并改开元末年为天宝元年。

天宝（742～756）年间，唐玄宗在兴庆宫正殿兴庆殿举行仪式，并在勤政楼发布大赦诏令。天宝十三载二月甲戌（八日），唐玄宗御兴庆殿，受尊号"开元天地大宝圣文神武证道孝德皇帝"，仪式结束以后，又"御勤政楼，大赦天下"。类似的活动还在天宝七载五月壬午（十三日）等时间举行过多次。（《册府元龟》卷八十六《帝王部·赦宥五》）

天宝十三载秋，玄宗御勤政务本楼，考试"博通坟典、洞晓玄经、辞藻宏丽、军谋出众"等四科举人。这次制举登科者三人，杨绾考中第一名，超授右拾遗，步入仕途。（《旧唐书》卷一百一十九《杨绾传》）。

开元（713～741）年间，唐玄宗在勤政务本楼上用金、银、琉璃、玛瑙、珍珠、砗磲、琥珀等七宝装成了一座高七尺（约2.3米）的"山座"，诏对翰林待诏和翰林供奉，"讲论经旨及时务，胜者得升焉"。结果，秘书少监、集贤院学士、翰林待诏张九龄因"论辩风生"，他人莫敌，得升此座，"时论美之"。

◆ 布局

1958年7月到12月底，中国科学院考古研究所唐城发掘队部分考古专家在对兴庆宫遗址西南隅部分进行考古发掘时，认为其中的一号遗址即是勤政务本楼的楼址所在。该楼楼址位于兴庆宫南面两道东西向宫墙北侧宫墙偏西处，西距南北向西宫墙仅125米。楼体骑墙而建，楼体中间是一座通行的门道，很像是一座城门楼的基址。楼址是长方形，现存柱础东西共6排，南北为4排，大体均保存完好。从柱础推测，楼址东西宽5间（26.5米），进深3间（19米），面积约500平方米。楼基中间的5间，除正中1间为门道外，两侧的4间为一长方形夯土台，向外与两侧的宫墙相接。中间的两排柱础即筑在夯土台之内，成为暗柱础，直径约50厘米。在夯土台的两端即是用夯土筑成的山墙，山墙向内的一面，墙底大都贴有瓦片，其外抹有白灰墙皮。楼基周围均铺有宽0.85米的散水。中间的门道宽4.9米，有两道石门槛，相距3米。门槛中均凿有车辙的沟槽，宽1.38米。但从车辙内保存的完整的凿痕推测，门道似乎很少有车辆通行。从门枕石的门轴眼来看，门安在门道北边，并当是两道重门。从门道北端两侧烧土坑的位置看，楼址两侧可能有东西楼梯各一个，成对称形式。楼址内大部分成红烧土，估计是在唐末被火焚毁的。

◆ 特色

勤政务本楼特别之处在于不但具有外朝和中朝的正殿性质，而且兼有便殿功能，更是唐玄宗君臣和嫔妃的乐舞之地，因而在政治和文化艺术等方面都发挥了重要作用。

唐玄宗有时在勤政楼举行乐舞表演时，还准许市民百姓前来观看。由于观看演出的市民百姓人数众多，喧哗鼎沸，拥挤不堪，场面失控，往往使乐舞演出不能正常进行，惹得唐玄宗龙颜不悦。据说有一天前来观看的民众大约有数万人，"喧哗聚语，莫得闻鱼龙、百戏之音"，唐玄宗见状大怒，正打算撤销宴会，中止演出。这时宦官高力士上前奏道："请命宣春院内人永新歌一曲，必可止喧"。于是，永新便"撩鬓举袂，直奏慢声"，顿时，"广场寂寂，若无一人"。

有一次，唐玄宗御勤政楼大酺（大型宴会），并表演乐舞、百戏，准许士庶观看。结果，"人物喧咽"，秩序大乱，负责维持治安的金吾卫士束手无策。玄宗对高力士询问："吾以海内丰稔，四方无事，故盛为宴乐，与百姓同欢，不谓众人喧闹若此，汝有计止之？"力士回答说："臣不能止也。请召严安之处分打场，以臣所见，必有可观。"严安之时任京兆府法曹（相当于现市公安局局长），此人铁面无私，执法严厉，在长安市民中威望极高。玄宗当即应允，急忙将严安之召来维持秩序。安之绕广场一周，用手板画地，对围观者说："逾此者必死！"结果，众人都手指所画，互相提示说"此严公界限"，无人敢犯。"终日酺宴"，无一人喧闹。

在这里曾发生许多盛唐天子与万民同乐、交流同欢的故事，被人们口口相传，仍为世人所称道，体现了玄宗勤政、亲民的政治抱负。勤政务本楼作为封建社会中封闭的宫室，却能够为统治者和城中百姓提供如此方便的交流舞台，在古代的宫廷建筑中可谓绝无仅有，也是勤政楼最为独特的魅力所在。

花萼相辉楼

唐兴庆宫内最为主要的楼殿建筑之一。位于陕西省西安市兴庆宫西南隅靠近宫城西墙拐角处，和建在兴庆宫南面宫墙偏西处的勤政务本楼东西相望。

◆ 沿革

楼名取《诗经·小雅·常棣》诗句："常棣之华，鄂不韡韡；凡今之人，莫如兄弟。"意为兄弟之情犹如花、萼一样，"花复萼，萼承花，互相辉映"。象征兄弟之间相亲相爱，相扶相助，永不分离。

开元二年（714）七月二十九日，唐玄宗接受了大哥李成器等四兄弟"献宅建宫"的表奏，修建兴庆宫的工程即将开始之时，不仅给众兄弟在兴庆宫周围赏赐宅第，且给大哥李成器和五弟李业赐宅于兴庆宫西邻的胜业坊东南，给二哥李成义和四弟李范赐宅于兴庆宫西北的安兴坊东南。"邸第相望，环于宫侧"。同时还决定在该宫西南隅建造花萼相辉楼，以便和众兄弟共申友悌情谊。

开元十六年正月初三，唐玄宗移仗兴庆宫起居、听政以后，完全履行了自己原先的承诺。史称玄宗时常登上花萼相辉楼顶层，眺望众兄弟的周围宅第，侧耳静听诸王演奏的音乐之声。有时派人将众兄弟邀至楼上，"同榻宴谑"；有时自己还亲幸其第，"赐金分帛，厚其欢赏"。

众兄弟每天都要从西宫墙南面侧门金明门入宫，朝谒玄宗，问候起居。回到宅第以后，兄弟们或"奏乐纵饮，击毬斗鸡，或近郊从禽，或别墅追赏，不绝于岁矣"。但凡兄弟诸王的"游践之所"，玄宗大都要派宫中宦官前往助兴，故"中使相望"。因此，时人都认为唐玄宗和众兄弟的友悌之情，"近古无比，故人无间然"。

◆ **布局**

1958 年的考古发现花萼相辉楼址位于宫城南面二重墙北面南墙偏西，西距西墙 125 米。"南北平行的大柱础 8 个，南北长为 29 米，每个柱础的距离都是 4 米"。

此后不久，又有专家根据考古发掘和唐人所撰多篇《花萼楼赋》，对花萼相辉楼的建筑进行了初步的复原研究，认为该楼是上下三层的楼殿建筑，面阔七间，内部空心，二层和三层为七间乘六间的大型活动场所，有足够的演出空间适合乐舞表演。上层楼梯设在楼内。楼殿四周建有"日"字形长廊，楼两旁各建有两个子楼，子楼的台基为 16 米乘 9 米。主楼和两个子楼台基南北总长 46 米。复原后的花萼楼推测为四边各长 29 米的楼殿建筑，台基高 0.5 米，一层高 11.4 米，二层高 9.4 米，三层高 6.2 米，总高 35.3 米。两个子楼台基高 0.8 米，一层高 11.1 米，二层高 5.3 米，顶高 4.8 米，总高 22 米。

◆ **特色**

天宝二年（743）正月二十一日，唐玄宗御花萼楼，亲自复试去冬十月参加吏部铨选入等者 64 人，结果，复试合格者仅 1/3，其中甲等御史中丞张倚之子张奭（shì）手持试卷，大半天未写一字，交了白卷，时谓"曳白"。玄宗大怒，主持这次铨选考试的官员苗晋卿、宋遥以及御史中丞张倚等人均以通同作弊而被贬官外任。（《唐会要》卷 74《选

部上·掌选善恶》)

根据有关文献记载，唐玄宗在大明宫起居听政之时，宴会蕃客和主持制举等上述活动多在外朝正殿含元殿和中朝正殿宣政殿举行。由此可知，从开元二十四年以后，兴庆宫花萼楼也具有宫城正殿的功能性质。

此外，开元（713～741）、天宝（742～756）年间，每逢玄宗生日和重要节庆之时，唐玄宗都要在花萼楼宴会文武群臣，届时指派皇家乐队和皇帝梨园弟子演奏乐舞，表演散乐、百戏，场面宏大，热闹非凡。

因为兴庆宫花萼楼建筑宏伟，结构独特，兼有离宫和正殿双重性质，在政治和文化生活中起到了重要作用，所以，唐时先后有5位文人学士撰写了5篇《花萼楼赋》，对该楼的建筑结构和主要作用做了形象而生动地描述，文字优美，辞藻华丽，具有极高的文学和史料价值，均被辑入清编《全唐文》中。花萼楼由于地位特殊，在后世被誉为"五大名楼"之首。

避暑山庄烟雨楼

仿嘉兴南湖烟雨楼之意境而得名的古建筑。位于河北承德避暑山庄如意洲之北的青莲岛上。

乾隆皇帝（1736～1795年在位）六次巡游江南，每次都到嘉兴，并八次在烟雨楼停留赏景，次次为烟雨楼题诗，对烟雨楼情有独钟。他把烟雨楼所在的湖心岛比作蓬莱仙境，把南湖比作西湖。乾隆四十五年（1780），乾隆皇帝第五次南巡第七次登临烟雨楼，除了赋诗和群臣联句唱和外，还命画师绘了烟雨楼全貌图，当年即在避暑山庄如意洲北端的青莲岛上建造了烟雨楼,于乾隆四十六年建成。他在《烟雨楼题诗》注中写道:"庚子年南巡旋跸,携烟雨楼图归,游热河仿为之,至辛丑工成,情景宛然。"

青莲岛与如意洲以曲桥相连,树木成荫,花草茂盛,素称"千林岛",因青莲簇拥,康熙帝(1662~1722年在位)改称青莲岛,面积

避暑山庄烟雨楼

2400平方米。烟雨楼是山庄最后建成的建筑。烟雨楼造型秀美,兼有南北风貌。以烟雨楼为中心的建筑群布局灵活、高低错落,与地形和假山结合得十分巧妙,自然有致。一如乾隆帝在北海白塔所写的《塔山四面记》中的:"山无曲折不致灵,室无高下不致情;然室不能自为高下,故因山以构室者,其趣恒佳。"

上烟雨楼,需进门殿三间,中为通道。门殿北置围廊,与烟雨楼四面围栏相通。楼东北建"小友佳住"八角亭,东南建"朗润"方亭。楼东侧建青阳书屋三间,为乾隆帝读书处。楼西南侧建对山斋三间,庭院中有古松、青苔,雅致宁静。对山斋南侧紧贴叠石假山,沿蹬道而上,山上筑六角形"翼亭",亭侧石刻"青莲岛"三字,在亭中眺望湖光山色。

烟雨楼为青莲岛的主体建筑,上下两层,面阔各五间,进深两间,以22根木柱支撑,四周回廊环绕,单檐卷棚歇山顶。"烟雨楼"匾额为乾隆帝御笔。烟雨楼绿荫森森,每至夏天,荷芰香溢,远处岸边,绿

柳清扬，更远处山岚耸翠。雨季时，烟雨迷蒙，一派江南景象。乾隆帝曾赋诗赞烟雨楼风景："最宜雨态烟容处，无碍天高地广文。却胜南巡凭赏者，平湖风递芰荷芬。"

武汉黄鹤楼

中国四大名楼（或称江南三大名楼）之一。位于湖北省武汉市武昌区长江东岸的蛇山中峰高观山上。

蛇山是由东西向排列的 7 座相连的山头组成，自西向东依次为黄鹄山、殷家山、黄龙山、高观山、大观山、棋盘山和西山，绵延 1800 多米，因其形如伏蛇，头临大江，尾插闹市，故名蛇山。蛇山和长江对岸的汉阳龟山隔江相望，形成"烟雨莽苍苍，龟蛇锁大江"（毛泽东《菩萨蛮·黄鹤楼》）的景象。万里长江第一条公铁两用大桥武汉长江大桥（建于 1955 年，于 1957 年 10 月建成通车），就是连接两山而成。

◆ 历史沿革

黄鹤楼始建于三国吴黄武二年（223）。黄武元年赤壁之战后，孙权夺取荆州，将统治中心自建业（今南京）迁鄂（今鄂州），将武昌郡改江夏郡，此时黄鹄山成为东吴军事要地。

翌年，在夏口（今武昌）筑城，在蛇山西端黄鹄山（又称黄鹄矶）建了一座戍楼，用作军事瞭望指挥，因山得名，故称黄鹤楼（因古语"鹄"与"鹤"通用）。还有一说，黄鹤楼是因仙得名。梁普通七年（526），萧子显撰《南齐书·州郡志》记载："夏口城据黄鹄矶，世传仙人子安乘黄鹄过此山也。"而唐永泰（765～766）年间，阎伯瑾作《黄鹤楼记》

道："费祎登仙，常驾鹤返憩于此，遂以名楼。"还有其他一些神话传说和民间故事，这些都为黄鹤楼增加了神秘色彩。

黄鹤楼初建后，1800多年来屡毁屡建，究竟几次已无从查考。唐朝贞观十年（636），黄鹤楼第一次被载入正史，当年撰成的《梁书》载：梁武帝的异母弟安成康王萧秀任郢州史，因夏口为战场，将死者骸骨"于黄鹤楼下祭而埋之"。

开元十一年（723），诗人崔颢作《黄鹤楼》七律诗成千古绝唱。由于崔诗的艺术成就，黄鹤楼也被称为崔氏楼。之后唐代许多诗人，如孟浩然、李白、白居易等都有诗篇。

宋代据《舆地纪胜》载：元祐（1086～1094）年间，"南楼在郡治镇南，黄鹄山顶，中间曾改为白云阁，知州方泽重建。"时有"鄂州南楼天下无"之誉。

南宋乾道五年（1169），陆游《入蜀记》记载途经黄鹄山所见："今楼已废，故址亦复存。"

元至元（1264～1294）年间，元世祖南征至鄂，曾驻黄鹄山观览形胜。至正（1341～1368）年间，建大殿以纪止跸之旧。

明洪武四年至十四年（1371～1381），江夏侯周德兴主持湖广，对武昌开展大规模建设，黄鹤楼在此时得以重建。成化（1465～1487）年间，黄鹤楼年久失修，都御史吴琛修葺。嘉靖四十五年（1566），楼毁于火。隆庆五年（1571），刘悫以都御史巡抚湖广，主持重建黄鹤楼。

清康熙二十年（1681），楼遭雷击起火，因及时扑救幸免于难。康熙四十一年，再遭雷击，楼倾圮，总督喻成龙、巡抚刘殿衡主持兴建。

以后又经两次修葺。至嘉庆元年（1796），总督马慧裕主持"彻修"。咸丰三年（1853）太平军攻下武昌城后，在黄鹤楼上张灯结彩，庆贺胜利。

咸丰六年，太平军为保卫武昌城与清军激战，黄鹤楼毁于战火。同治七年（1868），总督官文、李瀚章，巡抚郭伯萌主持重建黄鹤楼。光绪十年（1884），清代最后一座黄鹤楼被大火燃烧殆尽，现仅存高3.4米，重约2000千克的攒尖铜顶遗物。

黄鹤楼的形制、规模自创建以来多个时期都不尽相同，唐代时是一座木构二层楼；宋、元、明、清时，从画中及清末的照片中可见其具体形象，楼已从二层变为三层。现存宋画《黄鹤楼图》可见其宏伟壮丽、重楼叠阁的华美形象。晚清，从1871年洋人J.汤姆逊（John Thomson，1837-06-14～1921-09-29）所拍的黄鹤楼照片可见其端倪：一座高三层、十字攒尖顶木结构楼阁式建筑，楼下置石台和平座房，楼四面各突出抱厦一间，全楼共有翘角30多个，造型十分秀美。

◆ **新楼布局**

重建黄鹤楼是武汉人民的长期愿望，在黄鹤楼焚毁百年后，于1981年10月重建黄鹤

重建中的黄鹤楼

楼，经近4年的施工，1985年6月，新黄鹤楼耸立在长江之滨的蛇山上。新楼楼址因受长江大桥影响之故，从江边的黄鹄山移至1000米外海拔61.7米的蛇山中部的高观山上。新的形制在晚清的基础上扩大、增高，由三层变为五层，由原来的木结构改为钢筋混凝土结构，高达51.4米。

基座为三层花岗岩平台，四周有石雕围栏，平面为"亚"字形，建筑面积 3219 平方米，与清代楼相比，底层增加了宽大的抱厦（门廊）环绕四周。新楼层层设平座围栏，可凭栏远眺。屋顶取清楼做法，以四方攒尖顶为中心，四周各突起一座"歇山顶"骑楼，形成五顶并立。全楼层层有飞檐，每层飞檐有 12 个翘角，共 60 个，昂然向上，有轻盈欲飞之态。翘角下悬挂铜铃，江风拂来，铃声清韵悠远。全楼由 72 根圆

黄鹤楼

柱支撑，梁柱门窗饰以赭红油漆，楼下配以淡雅青绿彩绘。楼顶为黄色琉璃瓦覆盖，整座建筑高出长江 90 米，庄重典雅，精致瑰丽。登楼远眺，有"势连衡岳""云横九脉"之势。

以黄鹤楼为核心的黄鹤楼公园还分布着其他景点：胜像宝塔——黄鹤楼故址保存最古老的建筑（省级文物保护单位），1984 年迁入黄鹤楼前 160 米处；黄鹤归来铜雕；跨鹤亭——取名自跨鹤之仙传说；搁笔亭——取名自李白见崔颢题诗搁笔的传说；毛泽东词亭——纪念毛泽东1927 年春登蛇山填写的《菩萨蛮·黄鹤楼》词；岳飞亭——纪念岳飞北伐时登黄鹤楼所撰《满江红·登黄鹤楼有感》词等。

◆ 特色——楼以诗名

黄鹤楼流传千古，和唐代诗人崔颢的律诗《黄鹤楼》有关，崔颢，汴州人（今河南开封），唐代诗人，唐开元十一年（723）考中进士，《全

唐诗》收录其诗 42 首，著有《崔颢集》《旧唐书·文苑传》。世人把他和王昌龄、高适、孟浩然并提，但他宦海沉浮，终不得志，其诗中以这首《黄鹤楼》最有名："昔人已乘黄鹤去，此地空余黄鹤楼。黄鹤一去不复返，白云千载空悠悠。晴川历历汉阳树，芳草萋萋鹦鹉洲。日暮乡关何处是，烟波江上使人愁。"清沈德潜评此诗："意得象先，神形语补，纵笔写去，遂擅千古之奇。"南宋严羽《沧浪诗话》称："唐人七律，当以崔颢《黄鹤楼》为第一。"诗人李白也十分推崇这首诗，传说李白见此诗后"搁笔"不写黄鹤楼诗。其实李白还是写了 6 首诗，是历代撰写黄鹤楼最多的诗人，其中，《黄鹤楼送孟浩然之广陵》也成为千古绝唱："故人西辞黄鹤楼，烟花三月下扬州，孤帆远影碧空尽，唯见长江天际流。"历代许多诗人，如王维等多描写过黄鹤楼的瑰丽景色，抒发诗人悠朗的胸怀。毛泽东的《菩萨蛮·黄鹤楼》词，意境深远，气势滔滔，韵味隽远。"茫茫九派流中国，沉沉一线穿南北。烟雨莽苍苍，龟蛇锁大江。黄鹤知何去？剩有游人处。把酒酹滔滔，心潮逐浪高！"

岳阳楼

中国江南三大名楼之一。位于湖南省岳阳市洞庭北路古西门城墙头上。全国重点文物保护单位。

临八百里洞庭湖，瞰万里长江，素有"洞庭天下水，岳阳天下楼"的美誉。与其他几座名楼历经兴废变迁不同，岳阳楼是江南三大名楼中唯一保持清代原貌的古建筑。1988 年，由中华人民共和国国务院公布为第三批全国重点文物保护单位。1988 年，岳阳楼洞庭湖风景名胜区由国务院公布为第二批国家级风景名胜区。

◆ 历史沿革

岳阳楼始建于东汉建安二十年（215），始为阅军楼。相传三国时吴国大将鲁肃为对抗驻守荆州的蜀汉大将关羽，率精兵驻守于岳阳。北宋范致明《岳阳风土记》称："巴丘（今岳阳）有大屯戍，鲁肃守之。今郡城乃鲁公所筑也。"鲁肃在东汉马援所筑巴丘邸阁城的基础上扩建了城墙，并在城西门上建谯楼，用以训练和检阅水军。此谯楼即今岳阳楼前身。

唐玄宗开元四年（716），中书令张说贬谪岳州，第二年便在阅军楼旧址上重建楼阁，规模大于阅军楼，名为南楼，后改名为岳阳楼，此名一直沿用。

宋仁宗庆历四年（1044），任庆州知州的滕子京贬为岳州知州。第二年重修岳阳楼。1046 年，新楼落成，巍然耸立，焕然一新。明代《岳州府志》载："郡寮禀落成之日，子京云：落其成，待痛饮一场，凭栏大恸十数声而已。""增其旧制，刻唐贤今人诗赋于其上"，便从唐代众多诗文中精选 76 首，请当朝名笔撰写刻于栋梁间。滕子京认为"楼观非有文字称记者不为久，文字非出于雄才巨卿者不成著"。于是于庆历六年六月十五日，写了一封《与范经略求记书》，又请人画了一幅《洞庭湖秋晚图》，派人

远眺岳阳楼

一并送到他的朋友、文学家范仲淹手上，请他为岳阳楼作记。范仲淹接信看画后，于九月十五日奋笔疾书，写下了名传千古的《岳阳楼记》，全文 360 字，字字珠玑，借景抒情，以物咏怀，内容博大，哲理精深，气势磅礴，堪称绝唱。一时间，此文广为流传，岳阳楼从此名满天下。

　　岳阳楼从唐代以来的 1000 多年间，历经历史的风云变幻，遭兵燹水患，屡圮屡修，有史可查的就达 30 多次。岳阳楼形制在唐代已无从查考，至宋代，已有画家绘制《岳阳楼图》，可看到楼建于高大的城墙上，为四方、单层、重檐的楼阁。而南宋画院有《岳阳楼图》（今藏于国家图书馆），图画面上可看到岳阳楼矗立于城墙上，两层、三檐、十字脊歇山顶，四面突轩，状如十字，四周环以围栏。画中前临洞庭，君山隔水相望。

岳阳楼主楼匾额

　　元至正七年（1347）画家夏永所作岳阳楼扇面图，可见楼建于城墙上，两层三檐，九脊歇山顶，龙吻脊饰，屋顶以六攒六拱相托，二楼设门窗，回廊环绕。明万历（1573～1620）年间文人王昕著《三才图会》记载："岳阳楼，其制三层，四面突轩，壮如十字，面各二溜水。今制，架三檐，高四丈五尺。"

　　明末画家安正文所绘《岳阳楼图》，楼身为正六棱柱形，二层三檐，盔形楼顶，上置宝瓶，脊饰蹲守，气势雄伟。

　　清康熙（1662～1722）年间，画家龚贤绘《岳阳楼图》，为三层，四面歇山顶，在结构上较前代略为简单。

乾隆十一年（1746）和嘉庆九年（1804）《巴陵县志》刊载的《岳阳楼君山图》中，形制已恢复如元、明时。

光绪六年（1880）重修后的岳阳楼为全木结构，三层三檐，小顶层盔甲形，高19米多，檐面为琉璃瓦，顶置宝瓶，二楼设回廊。此即一直保留的岳阳楼。1983～1984年，岳阳市按照"保持原状，修旧如旧"的原则，进行落架大修，保持了清光绪时的原貌。

◆ **特色**

岳阳楼从唐代始，无数文人为岳阳楼赋诗作文，如孟浩然、李白、杜甫、韩愈、白居易、李商隐等写下的千古诗篇传诵不绝："气蒸云梦泽，波撼岳阳城"（孟浩然）；"楼观岳阳尽，川迥洞庭开""昔闻洞庭水，今上岳阳楼。吴楚东南坼，乾坤日夜浮。亲朋无一字，老病有孤舟。戎马关山北，凭轩涕泗流"（杜甫）。

在岳阳楼的"记"文中，范仲淹的《岳阳楼记》当推古今第一。"居庙堂之高则忧其民，居江湖之远则忧其君。是进亦忧，退亦忧。然则何时乐耶？其必曰：'先天下之忧而忧，后天下之乐而乐'乎！"成为千年来为官者警诫自律的名言。明清以来的许多书法家如董其昌等都手书《岳阳楼记》。毛泽东手书的杜甫《登岳楼》诗，陈

岳阳楼旁洞庭水

列在岳阳楼三楼上。

另外,楼上的很多佳联巧对让人徘徊吟诵:"雄踞重湖,势凌三楚,目窥云梦,望极潇湘,数千年客咏人题,几多笔健才宏,岂竟诗文输杜范;烟泛近阁,夕照渔村,雁落平沙,帆归远浦,八百里波浮影动,无限春光秋色,仅言风月贬江山。""四面湖山归眼底,万家忧乐到心头"。

岳阳楼除"一分山色九分湖"外,旁边还有其他建筑:北侧有"三醉亭",相传道仙吕洞宾曾三次来岳阳楼,并三次醉倒于此;楼前还有朱德元帅书额的"怀甫亭",以纪念晚年病困潦倒、"旅殡岳阳"的诗人杜甫。

鹳雀楼

始建于北周,重建于 21 世纪初的楼阁。位于山西省永济市古蒲州城西的黄河东岸。

◆ 历史沿革

据《蒲州府志》载:"旧在郡城西南黄河中高阜处,时有鹳雀栖其上,遂名。"永济,旧称蒲州,踞于山西南大门,《史记》称其为"天下之中"。唐代处西都长安、东都洛阳、北都晋阳"天下三都"要会,扼"天下之咽"。唐开元(713～741)时于此置中都,改蒲州为河中府,后为河东郡。清增永济县。

鹳雀楼始建于北周(557～581),由大将军宇文护为镇河外之地而建的戍楼。由于该楼地势险要,河山壮丽,俯瞰大河滔滔,前瞻中条山秀，在唐宋时代就已成为中州大地登高览胜的佳地。此楼经唐、宋两朝，至金明昌（1190～1196）年间仍然屹立。北宋沈括《梦溪笔谈》载："河中府鹳雀楼三层，前瞻中条，下瞰大河，唐人留诗者甚多，唯李益、王之涣畅诸三首能壮其观。"这是文献记载中首次提到鹳雀楼的结构。

鹳雀楼

金元光元年（1222），该楼毁于战火。元代王恽《登鹳雀楼记》载："至元壬申（1272）三月，由御史里行来宫晋府，十月戊寅，按事此州，遂获登楼址，徒倚盘桓，逸情云上，虽杰观伟地，昔人已非，而河山之伟，风烟之胜，不殊于往古，是当元初楼已就毁。"明初，其故址犹存，后因黄河泛滥，河床变迁，故址湮没不存，致使数百年来，无数学仕游人慕名而至，只能望河兴叹。但据清代方志"图考"中《鹳雀楼图》，楼体为平面方形，台基上楼主体为四檐三层，一层有抱厦回廊，二三层亦有平座回廊，按身上下收分，楼顶十字歇山顶，宝壶顶。此外观形态为重建新楼提供了重要参考价值。

1992年，近百名专家学者联名倡议重建鹳雀楼。1994年，时任中共中央总书记江泽民到永济视察，询问筹建情况。1997年12月，新楼在黄河岸畔破土动工，历经五年，于2002年9月落成。

◆ **布局**

新建鹳雀楼为仿唐形制，高台楼阁式钢筋混凝土结构，外观四檐三层，内为九层。总高 73.9 米，其中基台高 16.5 米，主楼高 57.4 米，三明三暗，四出檐，二三层有平座围栏。屋面歇山四坡顶，结构奇绝。建筑总面积 25000 平方米，在黄河之畔，雄伟壮观，成为黄河沿岸的一座标志性建筑。室内陈设以灿烂的黄河文化为主线，展示璀璨的中都蒲州的历史文化。

◆ **特色**

自唐代以来，历代的文人名士为鹳雀楼写下了许多诗篇与文章，其中唐代诗人王之涣的《登鹳雀楼》诗云："白日依山尽，黄河入海流。欲穷千里目，更上一层楼。"气势磅礴，意境深远，表达了诗人高远超拔、尺幅千里的境界，成为脍炙人口的千古名篇。毛泽东、江泽民等领导人都亲笔书写《登鹳雀楼》书法，作品现都陈列于鹳雀楼内。鹳雀楼重建后有很多楹联，阐发古诗，为名楼增华彩。

正对黄河的一楼西门楹柱联："凌空白日三千丈，拔地黄河第一楼。"一楼南门楹联："十万里楼台再穷远目，重看了依山白日，入海黄河，自成天地神游，胜迹无边开朗抱；五千年风月一寄怀，更惹来酒胆诗肠，文心画手，并作春秋畅想，豪情旷古起雄篇。"一楼东门楹联："旧事已沉湮，惟存绝唱新声，伴九曲黄河，同驰万里；名楼重耸峙，正好抒怀纵目，引五洲俊彦，更上一层。"一楼北门楹联："俯瞰黄河，脉流九曲，膏泽八荒，浪奔万里，涛叠百重，浩浩然，胸次顿开何偶傥；仰瞻灵岫，峰险千寻，气雄五老，岚秀十洲，嶂奇三省，巍巍者，脊梁劲挺自峥嵘。"

现以鹳雀楼为中心，组成了鹳雀楼景区，成为黄河之滨的重要风景文化游览区。

南京阅江楼

中国唯一一座先有历史名记，600多年后才兴建的名楼。位于江苏省南京市城区西北长江南岸狮子山上。

元顺帝至正二十年（1360），朱元璋在卢龙山（狮子山）指挥8万之兵，打败元末农民起义领袖陈友谅40万大军，为大明王朝的最终建立打下基础。朱元璋于1368年称帝后，为纪念这次决定性胜利，于洪武六年（1373）九月，再次临驾卢龙山，眺望江山美景，下诏要在此山上建造一座阅江楼，并要陪同诸臣，在此楼未建之前先写一篇楼记，而自己也亲自撰写了一篇《阅江楼记》，称："然宫城去大城西北将二十里，抵江干曰龙湾。有山蜿蜒如龙，联络如接翅飞鸿，号曰卢龙，趋江而饮水，末伏于平沙。一峰突兀，凌烟霞而侵汉表，远观近视，实体狻猊之状，故赐名曰狮子山。""乃于洪武七年甲寅春，命工因山为台，构楼以覆山首，名曰阅江楼。"尽管朱元璋在这篇自撰记中，写尽了楼所在的山川形势，美景如画，也写了"今楼成矣，碧瓦朱盈，檐牙摩空而入雾，朱帘风飞而霞卷，彤扉开而彩盈"。但阅江楼是一座真正的"空中楼阁"，楼记是"无楼之记"。明初诗文三大家之一的宋濂所撰的《阅江楼记》被收入《古文观止》。

狮子山濒临长江，海拔78.4米，占地14公顷，周长2千米，原名卢龙山。从江北遥望此山，"吴樯远眺，看隔江螺髻离离"，即如美人之发髻，当时人称青螺山或北山。东晋建武元年（317），元帝司马睿初渡长江到此，见山岭绵延，为江之要塞，像长城边上的卢龙寨（在今河北省）故赐名卢龙山，以后此名沿用了1000多年。

在朱元璋取名后，由于种种原因，阅江楼一直未能建起来，让金陵人空等了600多年，阅江楼终于在2001年9月建成，可谓"有记无楼六百年，政通人和今成真"。

阅江楼高52米，总建筑面积4000多平方米，外观4层，暗3层，共7层。平面呈"L"形，主翼朝北面江，次翼面西，形成独特的犄角造型。楼一层设平座，三层为重檐，两翼各以歇山顶依次递降，屋顶交错宕落，高低起伏，形成优美多变的轮廓线。楼顶十字歇山顶，黄色琉璃瓦，绿色琉璃瓦剪边，廊柱、门窗呈土红色，整座楼立于花岗岩须弥平台上，充分显示了皇家气派。阅江楼把朱元璋当年的"空中楼阁"具象化了，呈现出美轮美奂的景象。

绵阳龟山越王楼

四川绵阳的历史建筑。位于四川绵阳城西北。

据《方舆览胜》记载，越王楼在绵州（今绵阳）城西北。唐显庆（656～661）年间，由唐太宗李世民（627～649年在位）第八子越王李贞为刺史时所建。唐宝应元年（762），诗人杜甫因避成都兵乱滞游绵州时曾登楼凭吊，并留下《越王楼歌》："绵州州府何磊落，显庆年中越王作。孤城西北起高楼，碧瓦朱甍照城郭。楼下长江百丈清，山头落日半轮明。君王旧迹今人赏，转见千秋万古情。"因其位于龟山之上、城郭高处，前临涪江水，后依富乐山，成为古代绵州山水城郭怀抱之中的一大胜景。历来文人雅士多有登临，或览胜抒怀，或凭古吊今，留下不少咏颂越王楼的诗句。如刺史乔琳的"滩声曲折涪州水，云影低衔富乐山"，王铎与绵州太守登越王楼的"危楼压郡城，雨余江水碧"等，皆为古时越王楼 建筑形式与风景环境的绝妙写照。

唐代的越王楼高十丈（约 33.3 米），规模宏大，富丽堂皇，巍然矗立，甚为壮观。随着岁月流逝，历史变迁，唐代的越王楼早已不存，空留遗址在龟山之上。绵阳市于 1989～2009 年，经过 20 年的多次筹划，反复论证，深化设计，精心施工，终于再现了 1000 多年前的唐代名楼，复建了古代绵州最具标志意义的风景名胜。

2009 年建成的新越王楼为唐代风格的多层楼阁，体态修长而富于变化，显现唐代宫殿中阙楼的风姿。新越王楼通高 99 米，平面为凸字形，底层面积最大，二层、三层略为收小，四层、五层、六层收缩更为明显，七层、八层又反而放大呈悬挑阁楼，至九层最后收紧。建筑平面的收放变化带来了立面和体量的变化多姿。整个建筑挺拔峻秀，轮廓优美，虚实相间，层级分明。外观此楼，由下而上有七层重檐，九层楼阁。下部宽大稳定，中段刚劲修长，上段忽又变换形态，以十字歇山的重檐楼阁冠顶，造型精彩。

绵阳龟山越王楼

新越王楼中有唐代历

史文化与越王楼历史沿革的专题陈列，兼具了文化休闲服务、历史文化普及和历史文化保护的功能。

嘉兴烟雨楼

嘉兴烟雨楼

始建于后晋的楼阁式建筑。位于浙江省嘉兴市南湖风景区湖心岛。

南湖，三国时称陆渭池，唐代后改名南湖。后晋天福（936～944）年间，吴越王钱镠第四子广陵王钱元璙任中吴节度使时，在湖畔筑台建楼，取唐代杜牧"南朝四百八十寺，多少楼台烟雨中"之意，名烟雨楼。南宋建炎（1127～1130）年间，楼毁于战乱。嘉定（1208～1224）年间，吏部尚书王希昌在旧址重建。元至正十年（1350）烟雨楼毁于兵火。明嘉靖二十七年（1548），嘉兴知县赵瀛修浚城河，运土填于南湖中成湖心岛。次年，依旧制移建烟雨楼于湖心岛。万历十年（1582），嘉兴知府龚勉重修，并在楼周围增筑亭榭，楼南筑台，题刻"钓鳌矶"；楼北拓掘放生池，称"鱼乐园"，明末书法家董其昌书题，后勒石刻于宝梅亭墙上。清初再次毁于战火。康熙二十至二十四年（1681～1685）重建。咸丰十年（1860），楼及大部分亭阁俱废。同治（1862～1874）年间，楼基旁修清晖堂、来许亭等建筑。1918年，嘉兴知事张昌庆再度重修烟雨楼。中华人民共和国成立后对烟雨楼进行多次修葺，使这座名楼恢复了昔日风貌。

烟雨楼坐北朝南，承明清营造法式，是座楼阁式建筑，楼为二层，重檐歇山顶。楼面阔五间 22.1 米，进深 14.4 米。堂后设背向转折楼梯。楼四周置回廊，可凭栏赏湖光水色，观菱荇绿叶。

烟雨楼和南湖风景宜人，水木清华，晨烟暮雨，历来被称为游览胜地。清代乾隆帝弘历六下江南，竟八次驻跸于南湖，且每次登楼赏景皆题诗咏叹。其中乾隆四十五年（1780），乾隆帝第七次登临烟雨楼后，命画师绘烟雨楼全图，返京后在承德避暑山庄青莲岛上仿建一座烟雨楼，仍为山庄内的重要景点。

嘉兴南湖湖心岛

在湖心岛东南岸边，停泊了一条游船（长 16 米，宽 3 米）。1921 年 7 月，中国共产党在上海召开第一次全国代表会，为避法租界巡捕暗探干扰，会议转移至这条游船上完成了最后议程，宣告中国共产党正式成立。南湖成为重要革命历史纪念地、爱国主义教育基地。

现"烟雨楼"匾额由参加中国共产党第一次全国代表会的董必武题写。

广州镇海楼

古楼阁式建筑。位于广东省广州市越秀公园内越秀山小蟠龙冈上。全国重点文物保护单位。俗称五层楼。

镇海楼始建于明洪武十三年（1380），相传公元前 2 世纪，西汉时南越王赵佗曾在这里建"东月汉台"。

洪武（1368～1398）年间，为抗击倭寇侵扰，加强防御，驻守广州的永嘉侯朱亮祖新筑城墙延伸横跨越秀山，奏请朝廷在山上兴建一座高楼以镇海，楼成后，具有军事瞭望、守护防御功能。明清时期曾五毁五建。1928 年重修时由木结构改为钢筋混凝土结构。

广州镇海楼

镇海楼是座仿明代楼阁式建筑，高 28 米，5 层，面阔五间 31 米，进深 16 米，平面呈长方形。楼下面二层以红砂条石砌筑，三层以上外墙以青石砌筑，逐层有收分。各层均有前檐廊，以供人登楼远眺。屋顶为歇山顶，绿琉璃瓦铺盖。整座建筑凝重壮观，以示雄镇海疆，也被称为"岭南第一胜览"。清代有人为镇海楼撰联："万千劫危楼尚存，问谁摘斗摩星，目空今古；五百载故侯安在，使我倚栏看剑，泪洒英雄。"

2013 年，镇海楼由中华人民共和国国务院公布为第七批国家重点文物保护单位。

颐和园佛香阁

颐和园的标志性建筑。位于北京西北郊颐和园的万寿山南坡。

颐和园始建于清乾隆十五年（1750），园内的万寿山原称瓮山，昆明湖称瓮山泊。乾隆帝为母亲祝寿大兴土木，历时15年建成清漪园（颐和园前身）。咸丰十年（1860）英法联军入侵北京，在劫掠焚烧圆明园时也烧毁了清漪园。园内建筑除铜亭（宝云阁）、石舫、多宝琉璃塔外，其他木结构建筑均遭焚毁。光绪十二年（1886），慈禧太后挪用海军经费重建，作为颐养晚年之所，光绪十四年改名颐和园。

颐和园佛香阁内景

佛香阁作为颐和园的标志性建筑获得重建。乾隆建清漪园时，原想在这里建一座9层延寿塔，但乾隆二十三年，延寿堂建至8层时，"奉旨停建"改建佛香阁。1860年焚毁后，于光绪十七年至二十年重建。

佛香阁位于万寿山南坡，高41米，八面三层四重檐，以8根大铁梨木作擎天柱，直贯到顶。八面均宽三间，一、二、三层均置围栏，二、三层设平座，构成回廊。屋顶为八角攒尖顶，顶部和层檐均铺黄琉璃瓦。佛香阁红柱雕梁，飞檐翘角，结构极其复杂。

佛香阁建在20米高的八角形汉白玉台基上，从半山腰将阁托举出万寿山顶以上18米。它造型精美、气势雄浑，不仅是颐和园的标志性建筑，也是中国优秀传统建筑的精品之作。从万寿山南麓的昆明湖边的玉宇牌楼起，经排云门、二宫门、排云殿、德辉殿至佛香阁、智慧海组成的中轴线，反映了封建帝皇至高无上、一统江山的庄严天威，其布局手法步步深入、丝丝入扣，堪称经典。

颐和园佛香阁外景

避暑山庄文津阁

清代庋藏《四库全书》的七座皇家藏书楼之一。位于河北承德避暑山平原区的西北部山麓下。全国重点文物保护单位。

文津阁始建于清乾隆三十九年（1774），次年落成，坐落在热河引渠中间的小岛上，外围环水，中间孕水。外围由虎皮墙环绕，文津阁处于院落中心，坐北朝南，从前到后，门殿、假山、水池、楼阁、山石、月亮门，相继排列，是避暑山庄中别具一格的园中之园。

南门门殿三间，硬山卷棚顶，块石垒砌山墙，朴实无华。殿后是一座嶙峋的假山，如屏如幛，院中诸景尽隐。假山占地800多平方米。据文献记载，筑此山用工近10万个，耗银23700多两。假山中石洞弯曲幽邃。穿过石洞，豁然开朗，一泓清池，淙淙作响，山石间，古松苍郁；池岸边，垂柳依依。池中山石砌筑的小桥，将池分成大小两部分，跨过石桥即是文津阁。

文津阁为砖木结构，建筑外观两层，内三层，中间一层为暗层，是藏书库，整座建筑是仿宁波天一阁藏书楼而建。第一层隔层6间，第三层为一大通间。这种格局象征"天一生水，地六成之"，寓意水克火之意。但它是皇家藏书楼，所以又高于天一阁，除仿天一阁外，又取宋米芾宝晋斋之长，故乾隆写诗道："米家范式两兼奇。"阁高 16.28 米，宽 15.8 米，长 26 米，中出腰檐，原为歇山顶，覆以黑色琉璃瓦，按五行说，北方壬癸属水，色尚黑。脊上有吻兽等装饰，屋顶是硬山顶，青瓦为同治六年（1867）修葺时改换的。墙为水磨丝缝青砖砌就。阁的中下两层，前后延伸一步架，构成廊厦，以遮日光直射。全阁以冷色为主，深绿色柱子和窗棂，琉璃垂花门，梁上、窗上均画着书，画中亭子内放着书，云彩上托着书，突出藏书主题。阁内的书架全以楠木制作。阁东有御碑亭，亭中有乾隆帝所题《文津阁碑记》，阁前的假山有一奇突现象：假山西洞口后右上方有一半圆形石洞，光线可从洞口射入池中，人站在与假山相对的池边，即使晴空当日，亦可见池中一弯新月，或许在假山堆掇时也未料到此一奇景。

文津阁所藏《四库全书》分经、史、子、集四部。装帧上，经部用绿色，史部用红色，子部用蓝色，集部用灰色，四色分别代表春、夏、秋、冬。全书共选录古代图书 3470 种，近 8 万卷，6144 函，77493 万字。书前盖有"文津阁宝""太上皇帝之宝"印鉴，书后盖有"避暑山庄"印鉴。所藏书籍历经 100 多年不蛀不霉，保存完好。文津阁本于 1915 年运至北京，现保存在中国国家图书馆内，原藏于圆明园文源阁本 1860 年毁于英法联军入侵北京时，北京故宫文渊阁本现藏于台湾地区。原藏于沈阳文溯阁本，现藏于甘肃省图书馆。原藏于扬州文汇阁本、镇江文宗阁本在咸丰三年（1853）春天毁于战火。杭州文澜阁本在咸丰十年文澜阁被毁后流散于社会上，后收藏家到处收购，经两次抄补，至 1962 年基本补齐，现藏于浙江图书馆。

文津阁在藏《四库全书》之前，先入藏《古今图书集成》三十二典，凡一万卷（12 架 576 函）。

1961 年，包括文津阁在内的避暑山庄，由中华人民共和国国务院公布为第一批全国重点文物保护单位。1994 年，联合国教科文组织世界遗产委员会将避暑山庄及周围寺庙列入《世界遗产名录》。

网师园濯缨水阁

一座水榭，位于网师园中部彩霞池南岸西侧。

取《楚辞·渔父》歌"沧浪之水清兮，可以濯我缨"句，意为用清水洗涤干净世俗的尘埃，表示清高自守之志。

水榭由 6 根石梁柱、石板架构于彩霞池南岸凹进的水湾上，坐南朝北，面阔 6.71 米，进深 5.3 米；扁作梁，前为川梁带轩，后为三界回顶；南面为墙，正中嵌有长方形砖框红木雕刻景窗，东西置轩；屋顶为歇山顶，黄瓜环瓦脊。东西两侧为和合窗，显得宽敞而明亮。水榭北临水池，北步柱间以大小纱槅、飞罩挂落组合分隔为廊，木栏杆为"寿"字纹；裙板内外侧上、下枋刻蔓草花卉、桃子、石榴、菊花瓶插及《三国志》戏文、《八骏图》等浮雕图案，雕置细腻、精美。廊与西侧"樵风径""月到风来亭"走廊连接，东面与"云冈"黄石假山北埻池边石径接通，可至引静桥。

水阁形体小巧，贴水而建，与水面相协调。倚栏赏景、观鱼，悠然而乐，确有沧浪水清，俗尘尽涤之感。

南昌滕王阁

中国江南三大名楼之一。位于江西省南昌市城西沿江大道赣江东岸的赣江与抚河故道汇合处。

◆ 历史沿革

滕王阁始建于唐永徽四年（653），为唐高祖李渊之幼子（二十二子）、唐太宗李世民之弟李元婴（？～684）任洪州（今南昌）都督时所建。据《旧唐书·李元婴传》记载："永徽三年（652），元婴迁苏州刺史，寻转洪州都督，又数犯宪章，削邑户及亲事帐内之半，谪置滁州。"

李元婴是一位风流帝子。李世民登基12年后，即贞观十三年（639），李元婴被封于山东滕州为滕王。十年后太宗驾崩，在丧期招集僚属"燕饮歌舞，狎昵厮养"。高宗李治不得不对皇叔下御书严词切责。永徽三年迁任苏州刺史，次年又转任洪州都督。任职洪州后，李元婴常在赣江边游乐畋猎，也陶醉于江南山水，高兴之余就地摆开宴席，歌舞相陪。为供自己"游观宴集"，便在赣江之滨的丘岗上新建了一座被韩愈称为"瑰玮绝特的楼阁"。洪州官员以李元婴的封号而冠格名称。滕王阁在当时已十分瑰玮，"峻修广袤，非常制多能拟及"（唐·韦悫《重修滕王阁记》），背城临江，高踞丘岗，架空营造，非一般楼所比拟，故以"阁"名。

从653年起，至中华民国十五年（1926），滕王阁历经近1300年的历史沧桑，创而修，修而毁，毁而建，兴废达28次。

1926 年 10 月 12 日，遭孙传芳属下师长岳思寅火烧南昌城外街巷 3 日，滕王阁在兵燹中化为灰烬。

滕王阁在历代的兴废中，其规模、形制和地址多有变化。

唐代的建址，据唐人韦悫在大中三年（849）所撰《重修滕王阁记》："背乳廊（注：城外）不二百步，有巨阁称滕王者……今楼阁址，南北阔八丈，今增九丈二尺……固可谓宏廓显敞，珠形诡状。"（按唐一尺约等于现 30.7 厘米）。即阁在城外两百步的临江处。

北宋时阁址犹唐阁址。据宋人范致建《重建滕王阁记》："阁距于城门西北一百八十步，元和十五年王仲舒复修。大中初复毁……"。唐宋时，南昌西面的城门叫章江门，即章江门外西北处。南宋时，滕王阁改建在城墙上，此后经历元代两度重建，直至明初，均未改变阁址。虞集《重建滕王阁记》："郡城之上有滕王阁者，俯临章江，面直西山之胜。"

明初，元阁犹存，因江岸崩塌，南昌沿江城墙内修去江三十步，阁则"颓压以进，遗址亦颇沦于江"。于是结束城上阁的历史。

明正统（1436～1449）年间，吴润新建，既非旧址，也非旧名。择江边之地建"迎恩馆"。景泰（1450～1457）年间，韩雍重修，名"西江第一楼"。新址渐南移。后翁世资重

南昌滕王阁

修，复名"滕王阁"。以后重修建阁址均有进退。清代的阁址均在章江门外不远处。

历代的滕王阁外形，可从现存的古画中见其端倪。滕王阁最早的图画是五代时李昇的水墨画《滕王阁宴会图》及《滕王阁》（《宣和画谱》），但今已遗失。现能见到的以天籁阁藏《宋人画册》中宋画院所作《滕王阁图》为最早，工笔界画，十分精细，重楼叠阁，气象万千，远山近水和楼阁相辉映。

阁的大小，历代也有不同，从历代"阁记"可看到，阁身最高的为宋大观二年（1108）所建，达十六丈二尺（约五十米），阁基最高的为唐大中二年所建，为一丈四尺（约 4.5 米）。

◆ 布局

1926 年，滕王阁毁于兵燹后，南昌百姓无不为之痛惜。1942 年 5 月，建筑学家梁思成和助手莫宗江考察南方古建筑，路过南昌，时任江西省政府建设厅厅长杨绰庵借此延请他们为滕王阁复建筹划、设计，当时梁思成根据宋画《滕王阁图》并按宋代李明仲《营造法式》进行构思设计，绘制了《重建滕王阁计划草图》共 8 幅，包括透视图、平面图、东南西立面图 3 幅、断面图 3 幅。

抗战后，杨绰庵调离江西，重建之事停止。中华人民共和国成立后，社会各界呼吁重建滕王阁，江西于 1983 年 3 月成立"南昌市滕王阁筹备委员会"，并经多方论证，选址于赣江与抚河古道交汇处，此处离唐代旧址仅 100 多公尺（100 多米），离清代旧址约 300 公尺（300 米）。1985 年 10 月 22 日（阴历九九重阳节）开工。1989 年 10 月 8 日（重阳节）隆重竣工（王勃于 675 年重阳节登滕王阁作序）。至此，完成了滕王阁 1300 多年来的第 29 次重建。

新建的滕王阁，坐西朝东，负城临江，傍依南浦，遥对西山。新阁根据梁思成 1942 年的方案，按宋代《营造法式》形制，钢筋混凝土仿木结构，精心构筑。阁下部基础为石砌高台，高 11.6 米，内分上下两层，是滕王阁地下层。高台之上为主体，平面呈十字形。高 57.5 米，南北长 140 米，东西宽 80 米，整个建筑面积 13000 平方米。从立面上看，东西各异，南北相同。南北两翼高台簇拥，第一层高台上南北各建一重檐方亭，南曰"压江"，北曰"挹翠"，均有游廊与主体相连，体现"层台耸翠""高阁连城"之景象。全阁四重檐，主体外观为三层，各明层之间设一暗层。屋顶为歇山式，上覆绿琉璃瓦。三明层四周建平座和栏杆。全阁有 700 多根大小立柱，通体内外饰宋式彩绘，并置层层落地雕花木质门窗。纵观全阁，碧瓦丹柱，雕梁画栋，高耸云天，巍峨壮丽，体现出韩愈所称的"瑰玮绝特"的浩浩之气。

◆ 特色

天下名楼阁均与千古文章、千古名人相关，文以楼阁起，楼阁以文名。滕王阁名闻千年，是由唐代才子王勃的《秋日登洪府滕王阁饯别序》（即《滕王阁序》）引起的。

王勃，字子安，唐代文学家。聪敏好学，6 岁能文，被赞为"神童"。16 岁时进士及第。年轻时就创作了大量诗文，与杨炯、卢照邻、骆宾王共称为"初唐四杰"。675 年赴岭南父亲任上省亲，路经洪州（南昌）。阴历九九重阳节，时任洪州都督阎伯屿于新修的滕王阁上宴请文人会文，为滕王阁作记。王勃应文青好友杜简引荐，赴宴登阁。唯年轻的王勃所作 773 字的《滕王阁序》文采飞扬，从南昌的地理沿革、山川形势、建筑神韵、历史人物典故到赣江的绚美秋色，辞章华丽，对仗工整，抑扬顿挫。当在座作陪的宇文钧读到"都督阎公之雅望，棨戟遥临；宇文新州之懿范，襜帷暂驻"。阎、宇两人已露喜色，再读到"落霞与孤鹜齐飞，秋水共长天一色"，众人均已被倾倒。阎都督情不自禁拍案叫好，"如此名句，只有滕王阁能当得了"。

王勃流传千古的名篇，已使后来文人学士纷纷写记作序。文豪韩愈虽未到过滕王阁，但也应邀作《新修滕王阁记》。历代为滕王阁写诗、作序的文人，包括李白、张九龄、孟浩然、白居易、杜牧等，不计其数。据《滕王阁诗文广存》统计，有《序》16 篇；《赋》21 篇；《记》27 篇；《跋记·檄文》8 篇；各体诗 1700 多首；楹联 44 对。

周恩来的堂伯父、清光绪二十三年（1897）举人周峋芝（中华民国时任江西督军公署秘书长）留恋于青年才俊王勃："滕王何在，剩高阁千秋，剧怜画栋珠帘，都化作空潭云影；阎公能传，仗书生一序，寄语东南宾主，莫轻看过路才人。"

宁波天一阁

嘉靖（1522～1566）年间兵部右侍郎范钦的藏书楼。位于浙江省宁波市天一街 10 号。

创建于明嘉靖四十到四十五年（1561～1566），为嘉靖年间兵部右侍郎范钦的藏书楼。中国现存历史最久的民间藏书楼，也是世界上现存最早的民间藏书楼之一。

范钦（1506～1585），字尧卿，号东明，浙江鄞县（今鄞州市）人。嘉靖十一年进士，初任随州知府，后任工部员外郎袁州知府。嘉靖三十三年父母相继去世，归里丁忧。嘉靖三十九年升任兵部右侍郎，同年十月辞官归里。

范钦性喜读书，宦游各地时悉心收集各类典籍，尤重地方志、科举录、政书、诗文集等明朝当代典籍。辞官返里后又收得甬上（浙江省宁波市的别名）之万家楼、静思斋等藏书，经多年累积，蔚成大观，所藏典籍达七万卷。

范钦为贮其所藏，乃在其宅第东筑天一阁。天一阁之定名、形制，可见其用心：

①选址幽静，高墙围环。藏书楼与其故居间相互隔离，俱留备弄，筑风火墙以防火患。

②定名天一，以水克火。《周易·系辞》："天一生水于北，地二生火于南，天三生木于东，地四生金于西……地六成水于北"有"天一生水，地六成之"之意，取其以水克火之义。其楼形制，为二层硬山六开间建筑，楼上无壁墙而贯通为一大间，与"天一"相吻；其楼下分为六间，则与"地六"相合。

③楼前凿池，蓄水防火，池即为"天一池"，平时一泓清水，急时汲水灭火，以保火患。

宁波天一阁藏书楼

范氏为保其珍藏，定下了种种管理规矩。范钦在世时即做出"烟酒切忌登楼"规定，此制一直延续。范钦逝世后，后人又定下"代不分书，书不出阁"的规定，自此藏书为子孙后代共有。子孙各房相约，凡阁门和书橱门的锁匙要分房掌管，非各房齐集不得开锁，并规定不得无故开门入阁，不得私领亲友入阁，不得将藏书借于外房他姓。清代学者全祖望在《天一阁藏书记》中写道："吾闻侍郎二子方析产时，以为书不可分，乃别出万金，欲书者受书，否则受金。其次子欣然受金而去。今金已尽而书尚存。其优劣何如也。"

范氏呵护藏书代代相传，为中国传统文化的传承发展做出了卓越贡献。清乾隆三十八年（1773）诏修《四库全书》，范钦八世孙范懋柱进呈天一阁藏书 638 种，为清乾隆皇帝（1735～1796 年在位）所重，钦赐《古今图书集成》一万卷，又赐铜版画《平定四部得胜图》及《平定两金川城图》各一套。《四库全书》修成，乾隆帝命杭州织造寅著来天一阁丈量书楼，绘图呈览。后为庋藏《四库全书》而建的文渊、文源、文津、文溯、文汇、文澜、文淙七阁，均仿天一阁形制。从此，天一阁成为中国官、私藏书楼推崇的典范。

工作人员在宁波市天一阁藏书楼前观察园林布局

天一阁原藏书七万余卷，自乾

隆三十八年呈书后至中华民国二十二年（1933），藏书屡有散失，其中最严重的失书事件发生在 1914 年，窃贼薛继渭潜入书楼，偷得 1000 余种典籍运往上海贬售。几经周折后，由商务印书馆买下这批书，藏于东方图书馆涵芬楼内。上海"一·二八"抗战，涵芬楼毁于日寇飞机轰炸，这批珍贵文献惨遭毁灭。

1933 ～ 1935 年，天一阁被台风吹倒东墙，藏书危在旦夕，范氏族人已无力维修。宁波地方人士组成重修天一阁委员会，筹款修葺，并将原在府学内的尊经阁连同当地保存下来的历代碑石移到天一阁后院，建立了明代石林。之后，范氏后裔和地方人士组成了"天一阁管理委员会"，开始了天一阁的公共管理。

中华人民共和国成立前夕，周恩来明确指示南下大军要保护好天一阁。宁波一解放，即派解放军守卫。自此，几十年来天一阁历经维护修建，并在阁旁扩建了图书馆、博物馆等，并建成了占地 4 万平方米的融历史文化保护、展示与参观游览为一体的人文游览胜地。

"杰阁三百年，老屋荒园足魁海宇，赐书一万卷，抱残守阙犹傲公侯。"此楹联为清光绪七年（1881）宁波知府宗源瀚题，1980 年沙孟海书。

杭州城隍阁

仿古楼阁式建筑。位于浙江杭州吴山原城隍庙遗址处。

因建在杭州吴山，原城隍庙遗址基础上而得名。吴山，杭州人俗称城隍山。古时亦称胥山、伍山，以纪念伍子胥而名。2000 多年前，因吴山贴邻钱塘江，春秋时代的吴、越两国以钱塘江分界，此处为吴国南部边界，故称吴山。吴山也是天目山余脉的东端处，天目山由西向东逶迤蜿蜒，有似龙翔凤翥，古诗称"龙飞凤舞到钱塘"。吴山山体不大，约 70 公顷，由 7 个小的山头组成，包括城隍山、云居山、紫阳山、七宝山、伍公山、粮道山、螺蛳山等，整个山体深入市区，是城市的山林公园。吴山以古香樟树群为特色，其中一株称"宋樟"，树龄超 800 年。吴山是杭州唐宋以来的历史文化荟萃之地，也是杭州市民登高览胜，体验历史文化、世俗文化和消夏避暑的胜地。宋代文学家王安石写有《伍子胥庙记》，宋代文学家欧阳修写有《有美堂记》，陆游写有《阅古泉记》等。明代文学家徐文长曾在吴山大观台写下一副脍炙人口的对联："八百里湖山知是何年图画，十万家烟火尽归此处楼台。"（挂于城隍阁二楼）清康熙皇帝（1662～1722 年在位）游览吴山时写诗赞美称："左控长江右控湖，万家烟火接康衢。偶来绝顶凭虚望，似向云霄展画图。"《吴山天风》是 1985 年评选的"西湖新十景"之一。

城隍阁建于原城隍庙的遗址上，此庙初建于南宋绍兴九年（1139）。明朝永乐（1403～1424）年间，为祭祀浙江按察使、被称为"冷面寒铁"的周新，因其清正刚廉、不畏豪门、执法如山、惩治贪官的感人事迹而被在城隍庙中供奉。但此庙在清末以后就十分残破，20 世纪 50 年代被拆除。

由于此场地条件极佳，江、湖、山、城一览无余，在 20 世纪 80 年代就开始策划筹建，原起名为"天开图画阁"。90 年代被正式列入计划，通过方案竞选，最后东南大学教授朱光亚的方案胜出。城隍阁遂于 1998 年 5 月奠基，2000 年 2 月竣工。阁基地的西侧面临西湖，东侧为一群百年以上的古香樟。阁高 41.2 米，建筑总面积 3789 平方米，为 7 层，其中地面以上 6 层，2 层有平台伸出，3、4 层有平座四围，5 层为 4 座亭阁分列于四角，6 层为飞阁，屋顶歇山十字形攒尖。整个造型炫煌富丽，有飞舞之状。城隍阁耸立于吴山，与雷峰塔、保俶塔遥相呼应，成掎角之势，丰富了西湖景观的天际线。特别是在杭州城市的高楼逐渐兴起的情况下，城隍阁处于江、湖、山城的节点位置上。城隍阁把控了城市，彰显了西湖风景名胜的突出地位。挂于二楼的徐文长对联，充分阐发了城隍阁的景观特色。

在城隍阁的南侧恢复了"城隍庙"，重点突出了周新刚正不阿的形象。

在城隍阁一楼挂有一幅大型三维立体硬木彩塑《南宋杭城风情图》。整幅作品长 31.5 米，高 3.65 米，深 2 米，有"清明上河图"的风格，立体地反映了南宋时代京城临安的市肆风貌，包括皇城宫阙、官署名舍、街巷河桥、店铺瓦子、庙塔墅园以及各种日常生活和文化场景，里面有 3000 多个各色人物和 1000 多座房屋建筑。该作品是杭州工艺美术研究所在 20 世纪 90 年代的倾心之作，也成了城隍阁的镇阁之宝。

江油李白纪念馆归来阁

钢筋混凝土仿木结构楼阁。位于四川省江油市李白纪念馆内。

唐代诗人李白幼年生长之地青莲乡原属彰明县，后与江油县（今江油市）合并。《吴曾漫录》记载，"彰明县清廉（青莲）乡有李白读书堂，后废为陇西院，盖以太白得名"。另有《李翰林墓碑》云："白本宗室子，其先避地客蜀。居蜀郡之彰明。"祖上与李白有通家之好的范传正在《李白新墓碑序》中也说："白本宗室子，厥先避仇客蜀，正居蜀之彰明，太白生焉。"青莲乡有太白祠、陇西院、粉竹楼、洗墨池、李月圆（李白之妹）墓等遗存，故居周边也有磨针溪、蛮婆渡等旧时地貌与地名存在。

20世纪80年代，为纪念这位生于江油的文学巨擘和诗人，在彰明河畔兴建了一座颇具规模的李白纪念馆。纪念馆继承四川文化名人祠庙园林的传统，将一组形式多样的建筑，疏朗、自然地融入宏大的园林环境之中。主轴线上依次为大门、前院、影壁、正院、太白堂，四周错落有致地布置有太白书屋、晓雅斋、醉仙楼、临江仙馆等，并以廊、榭、过厅等联系过渡，分隔空间，形成青莲池、桃花潭等园林水景。青莲池西面的归来阁与南、北两面建筑围合成一处半开敞的庭园。庭园在主轴线建筑以西，相对独立，自成一体，是一处别具风采的园林胜景。

归来阁高三层，钢筋混凝土仿木结构。造型优美、构图严谨，比例适当。歇山屋顶，素灰筒瓦屋面，烧制脊饰，唐式鸱吻。屋面起翘平缓，形态稳重大方，具有鲜明的唐代楼阁特色。阁平面为方形，底层较宽大且有变化，二、三层次第收分，按序缩小；而各层高度也上下有别，底层较高，楼层较小。这种有规律的变化使归来阁体量匀称，竖向构图有韵律感。名之"归来阁"，体现了人们对"诗仙太白"的无限追思和深切怀念，表达了盼其魂兮归来的真挚愿望。

与归来阁交相呼应的是青莲池中玉树临风、飘然而立的少年李白塑像，表现诗仙飘然归来。青莲池与池中的绿荷（青莲），正是对李白"青莲居士"雅号的形象表达，乃是融于环境、诗意盎然的园林胜景。

贵阳文昌阁

木结构古建筑，全国重点文物保护单位。位于贵州省贵阳市区的老东门。又称文昌庙。

文昌阁始建于明万历二十四年（1596），现存建筑是清康熙八年（1669）重建。贵州巡抚卫既齐重修文昌阁碑记云："会城东郊外，有峰突起，是为木笔文星，支衍蟠曲而入城中，为院司场屋之祖，术家嫌其未尽耸拔，思有以助之乃于子城之上，建阁三层，中祀文昌，上以祀奎，下祀武安王而总名之曰文昌阁，盖从其类也。"是贵阳古城"九门四阁"仅存的"一阁"。

文昌阁是一座极为罕见的三层三檐不等角攒尖顶木构古建筑，这种造型的建筑中国仅此一座。文昌阁底层呈正方形，第二层和第三层是不等度数的9个角。其中3个角为30°，6个角为45°。文昌阁共有81根梁、54根柱，都是9的倍数；二三层的椤木，各为9根。二三层的金都没穿过楼板，下面也没有相对应的柱子，使二层和底层减少了一圈柱网，增加了室内的使用空间，使上部的负荷均匀分散地向下传递，减少对底部的压力。这种特殊的柜架结构有利于缓冲水平方向的摇摆，增强了它的稳定性。文昌阁以结构奇特闻名。在明万历贵州巡抚郭子章著《黔记》及万历《贵州通志》中均有记载。

文昌阁坐东向西，占地面积1200平方米。主体建筑是文昌阁楼，两侧配有重檐悬山顶的厢房，阁楼的对面建有倒座，构成四合院形式，用走廊、围墙将这4座建筑连贯起来，成为封闭性的整体，布局严谨端庄，从建筑规模和时代上看，文昌阁仅属于一般古建筑。但阁楼独特的建筑结构形制在国内古建筑中却享有一定盛誉，具有重要文物价值。

贵阳文昌阁以它独特的建筑艺术，成为中国阁楼式建筑中一处杰出的古建筑，为了保护好这一重要文物，1982 年贵阳市人民政府决定对其进行全面维修，维修后的文昌阁为了采光和游览方便，拆除了第三层原为安置楼梯而增设的抱厦和底层的山墙，并将原始使用的青筒瓦改为琉璃瓦。

北海白塔

覆钵式喇嘛塔。位于北京市中心区北海公园的琼华岛上。又称永安寺白塔。

北海公园总面积 68.2 公顷，其中陆地 29.3 公顷，水面 38.9 公顷，园中的制高点为琼岛山顶，海拔 77.24 米。北海水面原称太液池，湖中的琼岛是古代北京重要名胜，在辽金时期，这里就是皇家郊外御苑。琼华岛是金代用疏浚湖泊的淤泥堆土起来的。元代这里为宫内御苑，改琼华岛为万岁山。明朝时仍然是宫内御苑。从辽、金起至元、明，琼岛之巅均为殿宇，称作广寒殿或凉殿。明朝末年，广寒殿倒塌，很久未加修复。1644 年，清朝建都北京，即于顺治八年（1651）清世祖福临应西藏喇嘛（后赐号恼木汗）之请，在广寒殿旧址上建造了这个白塔。因这里属于永安寺范围，故亦称永安寺白塔。此塔居于全园制高点，且形制特殊，不仅是北海的标志，也是长期作为北京的象征。这组建筑（塔、寺）占地 1650 平方米，塔面积 587.07 平方米。

塔为覆钵式喇嘛塔，塔本身高35.9米。塔下有两层平台，下层平台有四个上下口，正南面有72级砖砌台阶，与普安殿相通。上层平台为十字折角形须弥座型基座，边长18.2米，座上置覆钵式塔身，塔身中部最大直径14米。塔身正面有壶门式焰光门，上刻梵文咒语。塔刹分刹座、刹身、刹顶三部分。刹座是小型须弥座，上置由十三重相轮组成的"十三天"刹身。相轮上的滑盖是由铜质镂空天盘、地盘和铜质的日、月、火焰组成。地盘下悬挂着风铃16个，每个铜铃重8千克。《大清会典事例》记载："白塔山及内九门各设炮五位，树旗五位，遇有紧急声，

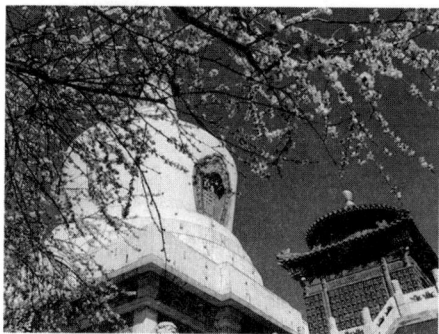

北海白塔

炮为号，旗杆上昼则悬旗，夜则悬灯，一处放炮，别处炮声接应，官兵闻炮即各备器械……"具有报警作用。在塔前有一突出城台，上筑琉璃小殿，名善因殿，与永安寺在一个轴线上。殿为方形，4.4平方米。

塔建成后，康熙十八年（1679）大地震，白塔被震毁。两年后重修，因震灾严重，拆到塔身下口后才重新修葺。翌年告竣。之后，雍正八年（1730）又遇地震，塔东北角及西北角震陷斜缝，塔座内裂，于1732年修复告竣。在清室档案中，乾隆以后都有过修葺。

中华民国十五年（1926），白塔历久失修，毁圮堪虞，又进行修理。

1964年，根据北京市副市长万里要求，对白塔大修，除塔身全面粉刷外，对刹身、相轮都做了加固处理。对塔身用大规格扁钢横竖向地

"箍"起来，外边又加了一层钢筋混凝土薄壳，再加铅丝网，最后抹灰，喷白浆和 850 有机硅防水剂。1976 年，唐山大地震波及北京，白塔的相轮石座被挤压破碎，相轮歪斜，宝顶天盘移位。1977 年，重修竣工。2005 年，再次进行了大修。

北京妙应寺白塔

藏传佛教格鲁派寺院。位于北京市西城区阜成门内大街 171 号妙应寺内。全国重点文物保护单位。俗称白塔寺。

北京妙应寺白塔

北京妙应寺白塔是中国现存年代最早、规模最大的覆钵式喇嘛塔，也是佛塔比较原始形式"窣渚波"的代表式样。1961 年，被中华人民共和国国务院公布为第一批全国重点文物保护单位。

妙应寺俗称白塔寺，是一座藏传佛教格鲁派寺院。辽代时，妙应寺位于辽南京城北郊，辽寿昌二年（1096），便通过一座佛塔供奉佛舍利等佛教圣物，后毁于战火。元至元八年（1271），元世祖忽必烈（1260～1294 年在位）敕令在辽塔遗址上重建喇嘛塔，并亲自勘察选址，并由元朝国师亦怜真和、当时入仕元朝的尼泊尔匠师阿尼哥主持，经过八年的设计与施工，至元十六年（1279）建成白塔，并随即迎奉佛舍利藏塔中，故白塔又称"释迦舍利灵通之塔"，也称"灵通万寿宝塔""释迦舍利灵通宝塔"。史料记载，阿尼哥 1244 年生于尼泊尔古城帕坦，自幼学习梵文和工艺制造技术，受到忽必烈赏识和重用，在元入仕 40 多年，白塔是其代表作品。

白塔高 50.9 米，由须弥座式基台、覆钵形塔身和十三天相轮塔刹三大部分组成。塔基用大城砖垒起，呈"T"形的高台高 2 米，面积 1422 平方米。在塔基中心，筑成多折角方形塔座，面积 810 平方米，叠高 9 米，共三层，下层为护墙。上、下两层为须弥座，每层四面各左右对称，内收两个折角，转角处有角柱，轮廓分明。在须弥座基台上，用砖砌筑并雕出巨大的莲瓣，外涂白色，塑饰成为形体雄伟的巨型莲座，以承托塔身。塔身为一巨大的覆钵，形如宝瓶，也叫塔肚，粗壮稳健。

塔刹的刹座呈须弥座式，座上竖立着刹身，用砖砌成相轮十三层，也就是所谓的十三天。凡早期喇嘛塔，十三天部分比较粗壮，下大上小，形如锥状，到了明清时期，这一部分逐渐改变，上下逐渐接近。在十三天以上，顶端为一直径 9.7 米的华盖，华盖以厚木作底，上置铜板瓦并做成 40 条放射形筒脊，华盖四周悬挂着 36 幅铜质透雕的流苏和风铃，微风吹动，铃声悦耳。华盖中心处还有一座高 5 米的鎏金宝顶，8 条粗壮的铁链将宝顶固定在铜盘子上。

佛塔除了地宫埋藏舍利外，1979 年在维修时还发现了留在塔顶部鎏金小境内的《大藏经》、木雕观世音像、乾隆手书《波罗蜜多心经》、五佛冠、赤金舍利长寿佛等珍贵文物。宝盖之下高悬着一对瓦刀和抹子，是多年前工匠们所留下的遗物，此次维修仍然把它们放在原处，永久予以保存。

明清时期，妙应寺转塔活动在北京具有较大影响。据明代《帝京景物略》记载："岁元旦，士女饶塔，履屟相蹑，至灯市盛乃歇。"《光绪顺天府志》介绍新年风俗时提到"旦夕三日，男女于白塔寺绕塔"。

清乾隆五十年（1785），乾隆皇帝（1735～1796 年在位）在乾清宫和白塔寺内同时举行 3000 人参加的"千叟宴"，这是为奖励国家有功长者的大型宴会。乾隆帝为此御笔《妙应寺八韵》一首，立碑纪念。到清代中叶后，妙应寺逐渐演变为北京城庙会之一。

苏州瑞光塔

宋代南方砖木混合结构楼阁式仿木塔。位于苏州古城西南的盘门内，于北宋景德元年（1004）至天圣八年（1030）所建。

时寺名瑞光禅院，故名。寺院历经毁修，塔曾于南宋淳熙，明洪武、永乐、天顺、嘉靖、崇祯，以及清康熙、乾隆、道光年间均有修葺。清咸丰十年（1860）又遭兵燹，寺毁塔存。同治十一年（1872）塔曾得以维修。直至 1954 年才对底层进行加固。1978 年 4 月，在第三层发现真珠舍利宝幢等一批晚唐、五代和北宋时期佛教文物，当时险情严重，遂于 1979 年先行修补塔顶破壁，排除险情，筑墙保护。1987 年动工全面整修加固，历时三年多，于 1990 年完成，宋塔风貌得以重现。

瑞光塔为七层八面砖木结构楼阁式，通高 53.60 米；砖砌塔身由外壁、回廊和塔心三部分构成；底层外壁对边 11.20 米。塔身底层副阶周匝，立廊柱 24 根，下承八角形台基，周边为青石须弥座，对边 23 米，束腰镌刻狮兽、人物、如意、流云，简练流畅，生动自然，堪称宋代石雕佳作。塔之外壁以砖木斗拱挑出木构腰檐和平座，每面以槏柱划分为三间，当心间辟壶门或隐出直棂窗。底层四面辟门，第二、三两层八面辟门，第四至七层则上下交错四面置门。内外转角处均砌出圆形带卷刹倚柱，柱头承阑额，上施斗拱。外壁转角铺作华拱三缝，补间铺作三层以下每间两朵，四层以上减为一朵。全塔腰檐、平座、副阶、内壁面、塔心柱，以及藻井、门道、佛龛诸处，共有各种木、砖斗拱380余朵。塔层高逐层递减，面积相应收敛，外轮廓微呈曲线，清秀柔和。基台东边有横长方形月台伸出，正面砌踏道。入塔门，经过道即回廊，两壁施木梁连接，铺设楼面，第二、四层转角铺作上有月梁联系内外倚柱，廊内置登塔木梯。一至五层回廊当中砌八角形塔心砖柱，第六、七两层改用立柱、额枋和卧地对角梁组成的群柱框架木结构，对角梁中心与大枹上立刹杆木支承塔顶屋架和刹体。

瑞光禅院初名普济禅院，据志书记载为三国吴赤乌四年（241）孙权为迎接西域康居国僧人性康而建。十年，孙权为报母恩，又建十三层舍利塔于寺中。专家根据先后在塔内发现的宝幢木函、佛经、石佛、石础、塔砖等文物上的纪年文字，与塔的平面、结构、外观综合考证，认定此塔砖砌塔身基本上是宋代原构，第六、七两层及塔顶木构架虽为后代重修，但其群柱框架结构在现存古塔中并不多见。第三层为全塔的核心部位，砌有梁枋式塔心基座，抹角及瓜棱形倚柱、额枋、壁龛、壶门等处还有"七朱八白""折枝花"等红白两色宋代粉彩壁塑残迹。1978年发现秘藏珍贵文物的暗窟——"天宫"也在该层塔心内。底层塔心的"永定柱"作法，在现存古建筑中尚属罕见，从而为研究宋"营造法式"提供了实物依据。

瑞光寺塔建造精巧，造型优美，用材讲究，宝藏丰富，是宋代南方砖木混合结构楼阁式仿木塔比较成熟的代表作，是研究此类古塔演变发展及建筑技术的重要实例。1956年列为江苏省文物保护单位，1988年被列为全国重点文物保护单位。

云岩寺塔

中国现存最早的采用双层塔壁的楼阁式佛塔。又称虎丘塔。

位于苏州市古城西北约3.5千米处的虎丘山顶，是苏州现存最古老的建筑之一，苏州市的地标，有"江南第一塔"之誉。1961年被国务院列为首批全国重点文物保护单位。

云岩寺塔

◆ 历史沿革

隋文帝仁寿（601～604）年间曾建木塔，后屡毁屡建。五代后周显德六年（959）始建砖塔，北宋初（约961）落成。南宋至清代曾七次遭火灾，几度重修。1956～1957年，对古塔实施的抢修加固工程中，于第二、三层的层间暗窟中，发现包括越窑青瓷莲花碗、檀龛宝相等珍贵文物。其中楠木经箱有"辛酉岁建隆二年十二月十七日丙午入塔"的题记，铜镜上也有"建隆二年三月"字样。

◆ 特点及构造

云岩寺塔是以砖结构为主的七层八面（八角形）仿木结构楼阁式塔。

塔重 6100 吨，通高 48 米，比虎丘山的相对高度高出 17 米多。从明清画家所绘的虎丘山图和 19 世纪 50 年代所摄照片看，塔的外观本为檐牙高啄、勾心斗角、栏楯周匝、金轮耸云。咸丰十年（1860），太平天国战火烧毁铁铸塔刹、木结构檐椽、平座勾栏和底层外廊。

云岩寺塔是内外两层塔壁、相互以叠涩砖结构回廊楼面连接的套筒式双层结构。塔的结构强度、稳定性和抗御外力的能力，较唐代以前只有一层塔壁的单层空筒式结构都有增强。

云岩寺塔在砖结构部件上模仿木结构。斗拱、柱、梁、枋等都按木构件尺度做出，形象逼真，制作精致。在砖砌塔身外构筑平座栏杆，之前也无先例。

◆ 彩画

云岩寺塔彩画是现存较早的中国建筑彩画之一，也被看作是早期的苏式彩画。在云岩寺塔内，墙壁和仿木构斗拱梁枋上保存大量浮雕式彩画。彩画与雕塑巧妙结合，图案形式多样，色彩明快瑰丽。如额枋用"七朱八白"，壸门走道天花藻井用卷草如意头、菱角牙子，拱眼壁用套钱纹、写生花等。回廊壁面沥粉堆塑的各式"折枝牡丹图"为数最多，有的制成卷轴画形式，仿佛悬挂于墙上。"湖石勾栏图"位于第五层，玲珑剔透的石峰绕以六角朱栏，是现存较早的独立陈列供观赏的太湖石的形象，具有鲜明的地域文化色彩。

◆ 维护与维修

云岩寺塔由于建造在南高北低的斜坡基岩填土地基之上，以及塔自身重量造成的地基不均匀压缩、沉降、移位和风化水蚀等原因，塔顶已向北偏东倾斜 2.34 米, 侧角 2° 52′ 。登塔时会明显感到脚下楼面的倾斜, 第二层南北高差达 0.7 米。为防止重蹈同样建于五代吴越国时期的杭州雷峰塔轰然倒塌的覆辙, 1956 ～ 1957 年先用逐层补砖加箍喷浆之法抢修塔身, 又于 1981 ～ 1986 年对云岩寺塔的塔基和塔身进行加固。维修加固后, 塔基不均匀沉降和塔体位移均得到了有效控制。

定州开元寺塔

楼阁式砖塔。位于河北省定州市南门内原开元寺旧址, 原开元寺已不存。全国重点文物保护单位。又称料敌塔、瞭敌塔。

中国现存最高的古塔, 总高 84.2 米。1961 年由中华人民共和国国务院公布为第一批全国重点文物保护单位。

北宋时开元寺僧人会能到天竺取经, 取回佛经舍利, 宋真宗于咸平四年（1001）下诏建寺塔, 于仁宗至和二年（1055）塔成, 历时 55 年, 故当地有"砍尽嘉山木, 修成定县塔"之说。因定县（今定州市）在宋时为辽、宋双方交接的军事要地, 时人称"天下根本在河北, 河北根本在镇定", 宋王朝为了防御北方契丹强敌, 利用此塔监视瞭望敌情, 故称此塔为料敌塔（或瞭敌塔）。

开元寺塔为楼阁式砖塔, 八角十一层, 既是全国现存最高的古塔, 也是最高的一处古建筑物。建于高大的台基上, 塔基外围周长 127.65 米, 塔的高度高, 檐数多, 又仿木楼阁建造, 因此塔身宏敞, 塔的每层边长与层高比例适度, 比例匀称, 外观挺拔秀丽。第一层塔身较高, 檐上加建平座成台基状, 以上各层则只有塔檐而无平座。各层收分甚紧, 给人以稳定感。每层塔檐都用叠涩挑出短檐，它的断面呈现明显的凹曲线，如振翼欲飞，较江南完全用砖石仿制柱子、梁枋、斗拱的楼阁式塔另具风格。塔身外壁开设门窗，含虚玲珑。塔刹形式是在刹座上雕饰忍冬花叶，置覆钵，上为铁质承露盘及青铜宝珠两个，同塔身相配，协调连贯。

定州开元寺塔

塔的四面均辟有门，其余四面则饰以假窗。窗上用砖雕出各种几何纹的窗棂。在外部各层门卷上，还绘着彩色火焰图案，直到塔檐外口为止。

塔的内部通过穿心式楼梯上达各层，每层均有回廊，便于瞭望。廊的顶部用砖制斗拱，斗拱上施以砖制天花板，雕以各式精致花纹。从第四层到第七层的天花板改为木制，在板上施以彩画。第八层以上则无斗拱，只是以砖砌作拱顶。这种情况可能是由于当时施工时间长，期间或许材料准备有问题，或与契丹方面局势紧张等原因，中途停工，以后施工时，局部设计有所改变。

料敌塔建成后，经历了近千年的时间，期间经历了10多次地震，明清时期曾有几次修缮。清光绪十年（1884）6月，塔的东北面从上到下塌落下来，这一塌落使人们意外地了解这座塔的内部结构：塔的中部是一根上下贯通的砖柱，砖柱的外形也是一个塔的形状，被称为塔内塔。同时塔的回廊、斗拱等结构情况也一览无余。

塔的第一层因较高，分隔两层，上层圆顶，用砖骨8条以承载逐层挑出的砖块，结构别具匠心。第二层夹层内有色彩鲜艳的壁画，是北宋的原作，十分可贵。塔身内部还嵌有北宋时期的碑记数十块，也是珍贵的书法、文物和史料。

1986年开始，国家投资对塔加固维修。80多米的脚手架用了110000根杉木搭建。经17年维修，于2002年全部完工。在维修中还在80多米高的塔刹里发现了清雍正元年（1723）维修塔时放进去的《金刚经》，以及明代弘治（1488～1505）年间的一尊铜镜和三尊铜佛。

遥看高耸入云的料敌塔，正如前人所诗，"每上穹然绝顶处，几疑身到碧虚中"。

大理崇圣寺三塔

三座密檐式砖塔。位于云南大理点苍山麓、洱海之滨的崇圣寺内。全国重点文物保护单位。又称大理三塔。

俊逸挺秀的三塔鼎立而峙，成为苍山洱海的胜景之一。

三塔的大小和建造历史不同。大的主塔又名千寻塔，当地称文笔塔。该塔建造时间，据《滇略》和《大理府志》载，"唐贞观六年尉迟敬德监造""开元初，南诏请唐匠慕韬徽修之"。另一种意见认为，千寻塔建造年代为唐文宗开成（836～840）时期后。南北两小塔建造年代晚于大塔，约建于宋徽宗时期（1101～1125）亦即云南的大理时期。建造三塔的原因，明代史学家李元阳在《云南通志》中提出："崇圣寺三塔各铸金为顶，顶有金鹏，世传龙性葆泽而畏鹏，大理旧为龙泽，故以此镇之。"可见其有镇水防灾的目的。千寻塔前照壁大理石碑上镌刻的"永镇山川"4个大字，为明代黔国公沐英之孙沐世阶所题，反映了建塔赈灾的目的。

大理崇圣寺三塔

千寻塔平面呈四方形，在第一层高大的塔身上，施密檐16层，内部为空筒16层。塔高69.13米，结构形制属于典型的唐代密檐式塔，塔下有台基两层，台上每面宽9.85米。第2层至15层结构基本相同，大小相近，第16层为塔顶。塔身第2层高2米，宽约10米，上部砌出叠涩檐，共17层砖，每层挑出0.05～0.07米不等，檐的四角上翘。中间大龛内放佛一尊，大龛两侧各有亭阁式小龛一个，莲花座，庑殿式顶，中嵌梵文刻经一片。南北两面，中间有一个卷形窗洞，直通塔心。第3层则南北为佛龛，东西为窗洞。以上各层依次交替，塔身愈往上，愈收缩。叠出的塔檐是一反凹曲线，收势圆和。整个塔的外形呈优美的弧线轮廓。

千寻塔的西面，等距70米，有两塔南北对峙，相距97.5米。两座小塔形制相同，都为10层，高42.4米，是一对10级八角形密檐式偶数砖塔。三塔以石炭涂面，通体莹白如擎天玉柱，鼎峙在苍山之下，构成一幅十分优美的风景画。三塔从修建起，经历过30余次地震的考验而巍然屹立。史载，明正德九年（1514）大地震，大理古城房屋绝大部分倒塌，千寻塔也"裂二尺许，形如破竹"，可竟然奇迹般地"旬日复合"；南北两座小塔也仅发生侧倾，南小塔斜8度，北小塔斜6度，有趣的是它们同时向内倾斜。1925年地震，大理城乡民房倒塌达99%，可千寻塔只震落了顶上的宝刹，这对于直接在土基上修建的高塔，无疑又是一个奇迹。

三塔所在的崇圣寺，始建于唐开元（713～741）年间。据《大理县志稿》记载："崇圣寺，又名三塔寺，在城西北小岑峰下。其方七里，周三百余亩，寺有两铜观音像，高两丈四尺，统计为佛一万一千四百，为屋八百九十一间……"，经历次扩建，到宋代"大理国"时期，9位大理国王到崇圣寺"逊位为僧"，成为皇家寺院。从元至清代中期，始终得到皇室保护。清咸丰六年（1856），崇圣寺惨遭兵乱，除三塔外，寺院建筑大多被毁。中华民国年间，寺院成兵营，除观音殿外，均为废墟。崇圣寺为2005年重建，占地面积40公顷，建筑面积20080平方米，成为西南地区最大的仿古建筑群。

崇圣寺三塔于1961年由中华人民共和国国务院公布为第一批全国重点文物保护单位。国家邮政总局于1958年发行的四座中国古塔纪念邮票，千寻塔是其中之一。

杭州保俶塔

八面七级砖砌实心塔。位于浙江省杭州市西湖的北里湖北岸宝石山上。全国重点文物保护单位。又称保叔塔、保所塔、应天塔。

杭州保俶塔为八面七级砖砌实心塔，高45.3米，底层边长3.26米。俊俏挺秀，好似窈窕美女，亭立于山巅（海拔高78米），和雷峰塔遥遥相望，明代以后就有"雷峰如老衲，保俶如美女"之称。保俶塔为全国重点文物保护单位。

塔始建确切年月不可考，一般认为是在五代吴越王钱俶在位时的946～960年，由宰相吴延爽所建。明代的《武林梵志》载："吴越相吴延爽建，内有九级浮图，名应天塔，后毁。咸平中僧永保重建，去其二级，人呼为保叔塔。"明徐一夔《重建宝石山崇寿院记》："咸平中，僧永保有目眚，誓修宝塔以还光明。化缘城府，十阅寒暑，市人咸以'师叔'称之，塔既完，人因呼为'保叔塔'。"田汝成《西湖游览志》有相似记载。南宋时，又称保所塔，为砖木混合结构的楼阁式塔，可以登临。南宋绍兴（1131～1162）末，塔毁，僧洪济重修。元延祐（1314～1320）年间至明嘉靖（1522～1566）年间，塔屡毁屡建。《西湖游览志》载："元延祐中，院塔俱毁，僧可周建。至正末，又毁，僧慧炬重建，至七级而止。皇明成化间毁，弘治间，僧可胜重建。一夕，大雷击死游僧三人，大蛇一条，重50斤，腹中白子数十枚。塔渐崩废。正德九年，僧文铺重建。又筑西方殿于塔后，揖凉亭于山上。嘉靖元年塔毁，二十二年，僧永果重建。"现存保俶塔当是1541年永果所建之塔。隆庆（1567～1572）年间塔又渐损圮，万历七年（1579）重修。万历二十二年再修。

清光绪（1875～1908）年间，保俶塔一度为日本人占据，光绪二十一年（1895）冬，英国籍医士梅藤更（David Duncan Main，1856-06-10～1934-08-30），借建医院为名，盗租宝石山土地，将保俶塔圈入围墙内，杭城舆论大哗，经多年交涉，于宣统三年（1911）由官方赎回。中华民国十三年（1924）雷峰塔圮，保俶塔亦倾斜。二十二年，杭州市市长赵志游筹资重修，除用一部分雷峰塔修建款外，还得民间义捐，也曾得上海杜月笙、张啸林捐助，工程于当年 3 月 1 日开工，6 月 30 日竣工，耗资 2 万余元。当时主持工程施工的是原杭州市建筑设计院高级工程师吴寅，他当时是完全按原样维修，在修理塔刹时，发现有"万历七年七月中秋重修"文字，吴寅当时曾亲撰一副对联"三面云林，六桥烟柳；一池清水，十里湖山"书存塔刹中。20 世纪 70 年代曾对塔基作整修，加设围栏，修理石坎等。2020 年，发现塔刹有所倾斜，又作扶正。

保俶塔是杭州和西湖历史文化的标志性建筑，西湖保护的空间规划常常以保俶塔作为控制环湖建筑高度的影响指标。以保俶塔和宝石山为主体的"宝石流霞"，是 1981 年评定的"新西湖十景"之一。

杭州六和塔

北宋吴越王钱弘俶为镇钱塘江潮，在月轮山麓南果园所建塔。位于浙江省杭州市钱塘江北岸的月轮山麓。又称六合塔、开化寺塔。全国重点文物保护单位。

1961 年由中华人民共和国国务院公布为全国重点文物保护单位。

◆ 沿革

北宋开宝三年（970），吴越王钱弘俶为镇钱塘江潮，在月轮山麓南果园建塔，取佛教"六和敬"之义，名六和塔。初建时塔身九级，高五十余丈（166.7 余米），塔顶有灯火设置，以作钱塘江夜航航标。宣和三年（1121），塔毁于兵燹（据传为方腊起义军攻杭州时烧毁）。南宋祝穆《方舆胜览》载："六和塔，开宝中建，在龙山月轮峰之开化寺。

初九级，后毁。"南宋绍兴二十二年（1152）十一月奉旨重造，僧智昙以私财并募化筹集经费，于二十六年开工，经 7 年时间于隆兴元年（1163）建成。全塔为八面，内外二身，结构有外墙、回廊、内墙、小室四部分。内身七级砖石砌造，外身十三层楼阁式木构廊檐，其中六层（二、四、六、八、十、十二层）为封闭暗层，另七层与内身相通。外墙厚 4.12 米，墙内为甬道，甬道两侧有壁龛，龛下设须弥座。过甬道为宽 1.93 米回廊，蹬梯置于回廊间直通顶层。内墙（内塔外壁）厚 4.2 米，塔砖仿木结构，四边开壶门，每一门道形成甬道，式样与外壁甬道相似。壁龛嵌有富弼等 32 人分书的《金刚经》与沈该、汤思退等 42 人手写的《佛说四十二章经》等。底层面南甬道，尚存南宋乾道元年（1165）所立尚书省牒牌，塔下尚有清乾隆帝（1736 ～ 1795 年在位）游六和塔题诗碑二通。

元元统（1333 ～ 1335）年间六和塔曾作修缮，塔刹下面的生铁覆钵上有"元统二年五月吉日"等 100 余字。明嘉靖十二年（1533），倭寇入侵杭州，塔遭破坏。万历（1573 ～ 1620）年间释袾宏（莲池）主持大规模修缮，重建顶层与塔刹，调换部分塔身中心木柱下之磉石构件。清雍正十三年（1735），浙江巡抚李卫再作大规模整修，两年完成。乾隆十六年（1751）清高宗弘历南巡来杭登塔游览，七层各题一匾额，自下而上依次为"初地坚固""二谛俱融""三明净域""四天宝

钱塘江畔的六和塔

纲""五云扶盖""六鳌负戴""七宝庄严",并题写诗、联。咸丰十一年（1861）塔遭兵燹，外廊木檐损坏严重。光绪二十五年（1899），再作大规模修缮，重建外廊 13 层木廊檐，次年完成，一直留存。全塔保存有南宋、元、明、清历朝修建时构件。

1950 年以来，塔迭经修缮，规模较大的有三次。第一次是 1953 年，时塔身顶层屋面漏水严重，修缮时将塔内七级原有古式彩绘全部更新，调换塔底层木柱，改用砖柱等。1957 年，塔顶安装避雷针。第二次是 1971 年，主要解决屋面漏水问题，更换霉烂楼枕，加设蹬梯铁栏杆，处治白蚁等。第三次是 1986 年。1987 年 1 月起，六和塔暂停对外开放，组织建筑、地质、文物保护专家对塔全面勘察、检查，主要是木构檐廊出现多处不同程度残损，后请清华大学建筑学院以郭黛姮为首的专家组确定维修方案。1991 年 1 月进行施工，同年 12 月完成。

◆ 布局

现存的六和塔高 59.89 米，占地 890 平方米，外观十三层，内分七层，每级小室外通廊道，级与级之间有螺旋形阶梯盘旋上升直达顶层。塔外观八角形，腰檐层层支出，宽度逐层向上递减，檐上明亮，檐下阴暗，明暗相间，衬托分明。塔每层下檐翘角上挂有铃铛，共 104 只。

◆ 特色

六和塔还流传有三位《水浒传》中的重要人物的故事，即鲁智深、武松和林冲。《水浒传》第 119 回"鲁智深浙江坐化，宋公明衣锦还乡"，叙述了宋江带领梁山好汉奉旨平定方腊（今杭州淳安县）起义后还京途中，驻在六和塔，是晚，鲁智深忽闻钱塘江潮声，经住僧指点，想起五台山出家时智真长老的四句偈语"逢夏而擒，遇腊而执，听潮而圆，见信而寂"，于是坐化于六和塔。另外传林冲因病留于六和塔开化寺。又传武松拒绝回汴京（今开封）领赏，在开化寺（六和寺）出家，最后以八十善终。西泠桥西侧的武松墓系中华民国时伪作。据南宋末文人周密所撰《癸辛杂识续集》"宋江三十六赞"条，在宋江等36人中，花和尚鲁智深、行者武松分别排于13位、14位，但独缺林冲，此说明施耐庵撰写《水浒传》是在宋末的原型人物基础上创作的小说。

杭州雷峰塔

砖木结构楼阁式塔。位于浙江省杭州市西湖南岸海拔48米的夕照山的中峰。又称西关砖塔、黄（皇）妃塔。

杭州雷峰塔是西湖十景之一"雷峰夕照"的主体建筑。此塔系吴越国王钱俶之妃黄氏因奉藏佛螺髻发及佛经而建，从塔砖上刻有"壬申"即北宋开宝五年（972）字样推断，筹建塔的时间应在此之前。竣工于北宋太平兴国元年（976）或稍后（塔砖藏塔图题跋为太平兴国元年）。

◆ 历史沿革

关于塔的名称，俞平伯于1928年写了一篇《雷峰塔考略》（《俞平伯散文杂论集》），专门加以阐述："塔凡三名：其一为西关砖塔，初见于塔内藏经标题中，昔人概未之知也。其二为黄妃塔，有'王妃''皇妃''黄皮'等异名，为前人所习用。其三即'雷峰塔'，我辈口中之通名也。""雷峰者，衔湖西湖南山一平岗也，有中峰回峰诸异称。"
《西湖游览志》曰："旧名中锋，郡人雷就居之，故名雷峰。……塔峙
峰顶，即以此名。"关于"黄妃塔"："其名虽正史未载，而《咸淳临
安志》载石刻《华严经》钱俶跋记中云：'塔曰黄妃。'准此，似'黄妃'
为塔之正名矣。然在同书卷七十八中，称皇妃塔，不作黄妃。……而予
前见他书……作'王妃'。《西湖梦录》卷四亦云古称王妃塔。"俞平
伯接着对"黄妃"之名作了考证诠释，然后说："雷峰非塔本名，黄妃
复多讹疑，然此两名却为人所习知。至西关砖塔实为其最初名号，乃向
不见记载。若非塔圮，吾辈亦安得而知之哉。……此名初见于砖穴藏经
钱俶题记中（可参看我的《记西湖雷峰塔发见的塔砖与藏经》一文），
其为当时之称绝无可疑。西关乃城门名。……明郎瑛《七修类稿》曰：
'吴越西关门在雷峰塔下'是则当时建塔，实傍城关。……今者，城固
久湮，而塔亦崩坏，若阙而勿记，后人何观也。"

据明代田汝成《西湖游览志》第三卷载："吴越王妃于此建塔，始
以千尺十三层为率，寻以财力未充，始建七级，后以风水家言，止存五
级，俗称王妃塔。"塔以砖石为芯，外有木构檐廊，重檐飞栋，洞察豁达。
内壁八面镶嵌《华严经》石刻，塔下相传供有 16 尊金铜罗汉。北宋宣
和（1119～1125）年间，遭战乱受损，南宋重修。南宋《淳祐临安志》
卷八"山川"载："雷峰，在净慈寺前显严院，有宝塔五层。"元代，
雷峰塔风景依然，诗人尹廷高（约 1290 年前后在世）《雷峰夕照》诗云：
"烟光山色淡溟濛，千尺浮图兀倚空。湖上画船归欲尽，孤峰犹带夕阳
红。"元末明初诗人凌云翰（约 1372 年前后在世）题《南屏雪钟》诗：

"一百八声才击罢，雷峰又点塔中灯。"明末清初文人张岱（1597～1689）的《西湖梦寻》卷四称："吴越王于此建塔……元末失火，仅存塔心，雷峰夕照，遂为西湖十景之一。"此说可能有误，一般史载，都认为雷峰塔外围木檐廊焚毁于明嘉靖（1522～1566）年间倭寇入侵杭州时的纵火。和张岱同时代的文人陆次元所撰《湖壖杂记》载："雷峰塔，五代时所建。塔下旧有雷峰寺，废久矣。嘉靖时，东倭入寇，疑塔中有伏，纵火焚塔，故其檐级皆去，赤立童然，反成异致。"清代，塔外檐木廊一直未恢复，残存成赭色砖塔。康熙帝（1662～1722年在位）南巡时改"夕照"为"雷峰西照"。雍正时代编撰的《西湖志》卷三"名胜"："塔上向有重檐，窗户洞达，后毁于火。孤塔独存，砖皆赤色，藤萝牵引，苍翠可爱，日光西照，亭台金碧，与山光倒映，如金镜初开，火珠将坠，虽赤城楼霞不是过也。"清后期，塔年久失修，又因迷信者盛传塔砖能辟邪，宜男或传能治桑蚕病虫，盗挖者日增，塔基开始削弱。清末民初，为保护古塔，当局曾筑墙护塔，但挖砖者屡禁不绝。中华民国十三年（1924）九月二十五日下午 1 点 40 分，一声巨大震动，千年古塔轰然倒塌，当时情景"尘埃蔽日，鸦雀漫天，碎砖累累，不下亿万"。杭州市万人空巷，争往观看，寻取塔砖。

◆ **重建经历**

塔倒塌后，地方官绅曾一度筹款拟修复，但筹款的银洋万元被占领浙江的军阀孙传芳拨作"犒军之用"，修复无望。1935 年，建筑学家梁思成曾提出按塔的五代原状修复。并提出了两个塔式方案，但因耗资巨大未能实现。1979 年，园林专家陈从周提出"雷峰塔圮后，南山之景全虚"的论点。1981年,杭州市原副市长、当代西湖风景园林奠基人余森文也呼吁恢复雷峰塔,并写了"孤峰犹照夕阳红"的专论,还和建筑师杨廷宝、故宫博物院原院长单士元共商恢复之计。

1983年,中华人民共和国国务院批准《杭州城市总体规划》中明确提出:"恢复西湖十景之一,并为民间流传极广的雷峰塔。"1984年,《园林与名胜》(后改名《风景名胜》杂志)创刊号,发重建雷峰塔专刊。全国人大六届大会和全国政协七届会议期间,几十位代表和委员分别联名提出恢复雷峰塔提案和议案。杭州市园林主管部门和学术团体发起一次次学术讨论会、重建方案论证会。杭州市人民政府尊重民意,实施《城市总体规划》,于1995年5月向省政府提交"关于要求重建雷峰塔恢复'雷峰夕照'景点的请示",当年8月,省政府批转省建厅同意杭州市重建雷峰塔,恢复"雷峰夕照"景点。

1999年3月,上海《文汇报》发表《西湖不能没有雷峰塔》专版,采访施奠东和发表有关专家意见。经15年的协调、研商,1999年6月,经浙江省政府同意,由杭州市园林文物局和浙江省警卫处联合成立"双景"工程协调小组办公室,杭州全民关注、企盼多年的雷峰塔重建工程正式启动。11月,由施奠东任组长的园林、文物、建筑、规划等方面组成的专家组,就重建雷峰塔塔址、塔形选择及高度、景观效果等作了充分讨论,并确定在进行可行性研究方案的基础上向社会征集重建方案。事后,在《杭州日报》上刊登征求市民对雷峰塔塔形方案的意见。

2000年6月15日、16日,浙江省文物局和省"双景"办公室赴京向国家文物局就雷峰塔遗址的考古发掘及重建的有关问题作了汇报,国家文物局原则上同意雷峰塔的重建。

2000 年 6 月 19 日、20 日，由杭州市委书记王国平、市长仇保兴参加，来自北京、上海、天津及浙江省和杭州市专家组成 14 人专家组，由施奠东任组长，对征得的设计方案进行评审。评审专家对雷峰塔按五代塔形重建观点一致，但对选址的位置存在较大分歧。最后，在充分考虑文物保护的基础上，就西湖的历史文化、总体景观要求、生态环境保护、审美关系及游览需求诸多方面的综合因素，经过充分论证和交换意见，大家同意在旧址上以建设遗址的保护设施的概念建新塔。最后清华大学教授郭黛姮领衔的方案胜出。该方案的特点是：为完整保护和展示已发掘的遗址，新塔采用现代的钢架结构；塔的外形与高度根据考古发掘的实体和照片分析，按五代塔原形设计；为方便老年人和残疾人，上下楼梯采用阶梯式和电梯两种方式。当日下午，还请恰好在杭州作西湖申遗规划调研的美国哈佛大学设计学院专家 C. 斯坦内茨（Carl Steinitz）教授等 3 人到现场踏勘，征求他们的意见，他们一致认为郭黛姮的方案是合理的、可行的。

2000 年 12 月 26 日，重建雷峰塔工程奠基。2002 年 10 月 25 日，在倒塌 400 多年后，雷峰塔重新耸立于西湖的夕照山上。

◆ **特色**

雷峰塔是中国宝塔之一，是流传久远的"西湖十景"之一，也是在民间最具影响力的古塔，与中国四大民间爱情传说之一的《白蛇传》密切相关。明代文学家冯梦龙（1574 ~ 1646）《警世通言》的"白娘子永镇雷峰塔"；清代墨浪子的短篇小说集《西湖佳话》（1673）中卷十五《雷峰怪迹》及弹词《义妖传》等，都有白蛇化身的白素贞，被法海和尚禁锢在塔内的故事情节。因此雷峰塔成了民间文化中悲欢离合故事的重要演绎场所。

雷峰塔更为宝贵的在于它的文物价值。雷峰塔建塔之初，其塔砖是专门烧制，每块长 1.2 尺（0.4 米），宽 8 寸（0.27 米），厚 3 寸（0.1 米），砖侧面有圆孔，口径约 6 分（0.02 米），深 4 寸（0.13 米），下端封闭，中藏《一切如来心秘密全身舍利宝箧印陀罗尼经》经卷，经卷长 2.11 米，高 7.3 厘米（版心高约 6 厘米），白棉纸木板精刻，为中国雕版印刷早期精品，经卷共 84000 卷。外有少量以同样方式封藏的金涂塔图，这是全国所有名塔中绝无仅有的。经卷中有钱俶的署名题记。这些经卷过去均不知其存在，塔倒后才发现一件被视为具有重大文物价值的中国佛文化的瑰宝。但秘藏千年的经卷绝大多数已霉烂残破，完好者寥寥，现存世者更显其珍贵。

雷峰塔地宫发掘于 2001 年 2 月 15 日，3 月 11 日打开地宫，出现有长宽各约 35 厘米、高 50 厘米的铁函，供奉佛螺髻发的舍利塔——纯银阿育王塔就奉藏在铁函中。此塔一般通称箧印（经）塔，俗称金涂塔，塔高 35.6 厘米。塔的体量虽不大，但制作极为精美，鎏金银质，成为佛门中人及佛教信众心目中的神圣所在，也为雷峰塔的"精魂"所在。

◆ 布局

雷峰新塔，五层八面，依山临湖，蔚然大观。造型设计上一楼为五代时原塔外形，只是为保护古塔遗址，在台基下增加了二层（包括地下一层），通高 71 米，其中台基高 9.8 米，塔身高 45.8 米，塔刹高 16.1 米。台基占地面积 3133 平方米，塔身建筑面积为 2956 平方米，总建筑面积 6089 平方米。新台基对径为 60 米，边长 23.34 米，周长 186.72 米；副阶对径为 32.25 米，边长 13.43 米，周长 107.41 米；塔身对径为 28 米，边长 11 米，周长 88 米。

新塔首层以下台基部分为古塔遗迹，有玻璃防护罩。底层以上有反映雷峰塔文化内涵的精美工艺陈设。

重建后的雷峰夕照景区占地 8 公顷，主要是夕照山的山坡林地。另外，还恢复了清代"雷峰夕照"御碑亭、显严院、夕照庵、夕照亭、妙应台等历史景点。

雷峰塔的恢复使西湖在天际线上有了标志性景观，和西湖北岸的保俶塔遥相呼应，成为西湖的南北轴心，再现了"雷峰如老衲，保俶如美女"的佳话。

上海松江县方塔

砖木结构的楼阁式塔。位于上海市松江区中山东路南侧方塔园内。全国重点文物保护单位。又称兴圣教寺塔。1996 年被中华人民共和国国务院公布为全国重点文物保护单位。

该处原为唐宋时期华亭县城中心，建于北宋熙宁（1068～1077）到元祐（1086～1094）年间，共 9 层，高 42.65 米。因其塔身为方形，故称方塔。陈从周在他所写的《江苏之塔》书中称"松江方塔是自唐代到北宋，同类塔中的嫡嫡的代表"，意思是说它是沿用了唐代的塔的形制而于北宋时期建造的塔。

方塔近千年来进行过多次大修。元至元二十一年（1284），僧人行高募捐修葺。大德六年（1302），飓风吹落，塔刹相轮移，栏杆毁。僧清裕募捐修理。元末，寺遭兵燹，殿宇全毁，仅存塔与钟楼。明洪武三年（1370），寺僧在塔旁建忏堂，额"兴圣塔院"。明正统十二年（1447）、万历（1573～1620）年间及清顺治七年（1650）、乾隆三十五年（1770）、道光（1821～1850）年间多次修葺。清咸丰十年（1860），钟楼和塔院俱毁。中华民国二十六年（1937），遭日军轰炸，仅塔与庙前照壁幸免于难。1949年，塔的砖身出现裂缝，塔内各层木结构全部损坏。

上海松江县方塔

1973年拟定修缮方案，1975年开工修理，1977年竣工。此次大修，换去了塔心木，卸装塔刹，补换相轮，修复各层楼梯、楼板、平座、腰檐，重建围廊。对177朵斗拱整理鉴定后，保留了其中111朵宋代原物。江南砖木结构的宝塔，保留这么多宋代斗拱极为少见。更可贵的是，在这次修复中，考古人员在塔底层中心部分揭开了1.5平方米砖面，发掘出了砖砌地宫。出土的宋代汉白玉石函，函盖上放着一尊铜菩萨向北跏趺而坐，四周散置着42枚宋代钱币。石函内有一漆匣，匣内有帛包裹铜佛像一尊、银盒两只，内藏舍利一对。这些珍贵文物现由上海博物馆收藏。

方塔的特点是其造型秀美，"誉冠东南"，塔身瘦长，塔檐宽大，比例匀称，如亭亭玉立的少女。清代松江诗人黄霆的《竹枝词》赞方塔为"近海浮图三十六，怎如方塔最玲珑"。另外，在塔体的每一层砖墙上都有三道木箍，呈"井"字状镶嵌于塔的砖砌之间。历经千年风雨，方塔依然巍然挺立，即使日军侵华期间狂轰滥炸，方塔兀自不倒，炸弹气浪把塔身冲得变斜，可塔身十分坚韧，气浪过后又恢复原态。陈从周分析认为这是塔上27道木箍创造的奇迹。

位于方塔之北10多米的照壁，也是园中的重要文物。该照壁高4.75米，宽6.1米，是大型砖雕艺术精品，内容十分丰富，有走兽、树木、花卉和珍宝物等，画面设计形象生动，刻艺精湛，立体感强。原为松江府城隍庙的影壁，建于明洪武三年（1370），是中国现存最古老、最精美、保存最完好的珍品。照壁前4米多宽、8米多长的水池是松江的古水陆池，从池中挖掘出的商周时期的文物证明其年代十分久远，较好地起到了保护照壁的作用。

以方塔为中心，于1981年建成占地12公顷的方塔公园，该园由建筑学家冯纪忠设计，构思新颖，布局精巧，格调高雅，形式独特，旷达舒展，错落有致，是现代园林和江南传统园林风格融为一体的园林建筑典范。

西安大雁塔

砖仿木结构的楼阁式塔，全国重点文物保护单位。位于陕西省西安市和平门外。又称慈恩寺塔。

◆ 沿革

大雁塔位于大慈恩寺内。始建于公元 7 世纪，8 世纪初改建。传说在建塔时有大雁过此，坠而葬去塔中，或说塔刚建成时，忽有大雁落于塔上，后又飞去，因而以名。原来的寺庙建筑早已不存，而塔却巍然屹立，大雁塔之名就代替了原来的慈恩寺塔名。

慈恩寺建于唐太宗贞观二十二年（648），太子李治为追念其生母文德皇后（即长孙氏）祈求冥福，奏请太宗（627～649 年在位）敕建佛寺，赐名"慈恩寺"。寺建成之初，迎请高僧玄奘担任上座法师，玄奘于此创立了大乘佛教法相宗。此寺遂成中国大乘教的圣地。其后，唐高宗（650～683 年在位）御书《大慈恩寺碑记》，由此塔以寺名。

玄奘法师在慈恩寺主持事务，也是他从事译经和藏经之处。玄奘为供奉从天竺带回的梵文佛经，拟在慈恩寺正门外造石塔一座，于唐永徽三年（652）三月附图表上奏。由于规划浮屠（佛塔）过大，唐高宗以工程浩大难以成就，恩准朝廷资助在寺西院建一座五层土心砖塔。长安（701～704）年间，武则天予以拆建改造，建成七层砖塔。唐代诗人岑参与高适同登此塔，曾写诗赞道："塔势如涌出，孤高耸天宫。登临出世界，蹬道盘虚空。突兀压神州，峥嵘如鬼工。四角碍白日，七层摩苍穹。"

五代后唐长兴二年（931），后唐王朝对其进行了修建，后长安地区发生了几次大地震，大雁塔顶震落，塔身震裂。明万历三十二年（1604），大雁塔再次修葺，在维持唐代塔体基本造型的基础上，外表完整地砌上了 60 厘米厚的包层。

大雁塔曾是唐朝新中进士的题名之地。关中八景之一的"雁塔题名"

即指此。但可惜唐时的雁塔题名已无法得见，据说唐武宗（841～846年在位）的宰相李德裕不是进士出身，深忌进士。因此，将题名"削除殆尽"。现存的历代题记仅是明、清朝时期乡试举人效仿进士留名，留下题名碑200余通。此外，大雁塔中还保存了贝叶经等大量文物。

1961年，大雁塔由中华人民共和国国务院公布为第一批全国重点文物保护单位。2014年6月，联合国教科文组织宣布，大雁塔作为中国、哈萨克斯坦和吉尔吉斯斯坦三国联合申遗的"丝绸之路：长安—天山廊道的路网"中的一处遗址点被列入《世界遗产名录》。大雁塔也是国家邮政总局1994年发行的第二批中国四座古塔特种邮票中的一座。

◆ 布局

大雁塔是砖仿木结构的楼阁式塔，平面呈正方形，由塔基、塔身、塔刹三部分组成，全塔通高64.7米，塔基高4.2米，南北长约48.7米，东西长约45.7米。塔身底边长25.5米。塔身自一层以上，每层显著向内收分。外观呈方锥形，十分稳固。塔内设木梯楼板，可以逐层上登，登塔可俯瞰西安城景观。

塔刹高4.87米。塔身一、二层9间，三、四层有7间，五、六、七层有5间，每层四面均有卷门。一般而言，古塔都有地宫，大雁塔地宫尚未发掘。玄奘从印度带回的上百部贝叶梵文真经及金银佛像、舍利等宝物是否藏于地宫，还存谜。

大雁塔基座皆有石门，门楣门框上均有精美的线刻佛像。底层南门洞两侧置碑石，西龛由右向左书写，有唐太宗李世民亲自撰文、时任中书令的书法家褚遂良手书的《大唐三藏圣教序记》碑；东龛由左向右书写，唐高宗李治撰文、褚遂良手书的《大唐三藏圣教序记》碑，人称"二圣三绝碑"。两碑规格形式相同，两碑通高337.5厘米，碑面上宽86厘米，下宽100厘米。碑文高度赞扬玄奘法师西天取经，弘扬佛法的历史功绩和非凡精神，世称《雁塔圣教序》，是研究唐代书法的重要文物。

西安小雁塔

密檐式砖塔。位于陕西西安南门外友谊西路南侧。全国重点文物保护单位。全称荐福寺佛塔。

小雁塔始建于公元8世纪初，位于唐长安城（今西安）安仁坊荐福寺内，它和大雁塔东西相向，两塔是古都长安越经千年仍保留的两处重要标志。因其体量比大雁塔小，维建时间稍晚，故称小雁塔。小雁塔为密檐式砖塔，维持了唐代的原貌。2014年，作为文化遗产被列入《世界遗产名录》。

◆ 沿革

小雁塔因荐福寺而建，先建寺后建塔，因此称荐福寺塔。荐福寺是睿宗文明元年（684）唐高宗李治病逝百日后，唐皇室为高宗追献冥福而建立的。最初取名献福寺。武则天天授元年（690）改称荐福寺，并由武则天御书荐福寺匾额。作为荐福寺佛塔的小雁塔，是在建寺20余年后，唐中宗李显景龙（707～710）年间在开化坊荐福寺寺门对街安仁坊西北隅的荐福寺塔院兴建的。当时的塔、寺不在同一坊中。在唐代"雁塔"一词已被经常使用，和佛塔所指相同，小雁塔是和大雁塔相比较而言。

荐福寺是由中宗李显即位前的王府旧宅改建为寺院，初始规模虽不及大慈恩寺（大雁塔），但亦有僧人 200 名。唐武宗会昌（841～846）年间的灭佛时期，是荐福寺走向衰落的开始。唐僖宗（873～888）年间，黄巢起义军进入长安，寺院宫室大都毁废，荐福寺也遭毁坏，诗人韦庄在《长安旧里》诗中描述："满目墙匡春草深，伤时伤事更伤心。车轮马迹今何在，十二玉楼无处寻。"小雁塔因其砖砌筑基石坚固而得以保存，幸免于难。北宋时代，荐福寺已迁入塔院，旧址已另立寺名。

小雁塔在经历了唐末至五代时期的战火洗劫后，至宋徽宗政和六年（1116），小雁塔已出现"风雨摧剥，檐角垫毁"，"坠砖所击，上漏下湿，损弊尤甚"的情况，一位自称"山谷迁叟"的信士发愿修缮，经 4 个月告成。他整修后，塔以白土粉饰，面貌为之一新。小雁塔至今仍可见白土刷过的残迹。自明代，荐福寺有记载可查的大的整修有 5 次，奠定了小雁塔的基本面貌。

明代小雁塔有一次惊险而神奇的经历。据塔身第一门楣上明代王鹤在嘉靖三十年（1551）题记："荐福寺塔，肇自唐，历宋、元两代，明成化（1465～1487）末，长安地震，塔自顶至足，中裂尺许。明彻若窗牖，行人往往见之。正德末，地再震，塔

西安小雁塔

一夕如故，若有神比合之者"。此记载说明，塔虽已震裂，但重心未倾，塔体砖砌技术和砖的质量很好，基础也坚固，所以未松散崩塌。也许第二次地震，两半塔借向内的力量而重合起来了。

小雁塔虽然裂而又合，但裂缝仍在，经 400 多年的风雨侵蚀，塔顶已漏雨，破坏日益严重，岌岌可危。直至中华人民共和国成立后，于 1965 年修缮完竣，在其内部加强，使结构牢固。在二、五、七、九、十一等层分别加钢箍，增加了塔顶防水设施，使小雁塔安然屹立于古城西安。

◆ 布局

小雁塔为四方形，十五檐砖构密檐式，高约 46 米，塔下是方形基座，座上置第一层塔身，每面边长 11.38 米。第一层塔身高大，南北辟门，以供出入。门框均以青石做成，石制门楣上用线划方法，刻出供养天人和蔓草图案，刻工精细，线条流畅，反映了初唐时期的艺术风格。第一层以上塔身出密檐十五层，每层檐之间距离较小，仅南北辟小窗，供采光通气用，与内部楼层不相契合。塔檐呈现向内曲弧线，是唐代密檐塔的特点。塔的外形逐层收小，五层以下收分极为微小，六层以上塔身外形急剧收刹，使塔呈现圆和流畅的外轮廓线。塔身内部为空洞式结构，设木构楼层，有木梯盘旋而上。塔的空间甚小，光线极差，不便向外眺望，可见建造时不是为登临用的。

◆ 地位和影响

小雁塔的造型与结构，可以说是早期密檐式塔的代表，后来全国各地许多密檐式砖石塔都受它影响。

　　小雁塔是中华人民共和国国务院于 1961 年公布的第一批国家重点文物保护单位。2014 年 6 月 22 日，在多哈召开的联合国教科文组织第 38 届世界遗产委员会会议上，小雁塔作为中国、哈萨克斯坦和吉尔吉斯斯坦三国联合申遗的"丝绸之路：长安—天山廊道的路网"中的一处遗址点，被列入《世界遗产名录》。

本书编著者名单

编著者 （按姓氏笔画排列）

左彬森　刘纯青　邱宣充　张　剑

张先进　张海峰　周苏宁　赵纪军

郝成文　施奠东　惠兴茂　傅熹年

蔡　军